畜禽高效养殖技术丛书

肉兔高效生产技术问答

主编　梅承君　宋　歌

河南科学技术出版社

·郑州·

图书在版编目(CIP)数据

肉兔高效生产技术问答／梅承君，宋歌主编. —郑州：河南科学技术出版社，2016.5（2024.8重印）

（畜禽高效养殖技术丛书）

ISBN 978-7-5349-8106-7

Ⅰ.①肉… Ⅱ.①梅… ②宋… Ⅲ.①肉用兔-饲养管理-问题解答 Ⅳ.①S829.1-44

中国版本图书馆CIP数据核字（2016）第088174号

出版发行：河南科学技术出版社

地址：郑州市经五路66号　　邮编：450002

电话：（0371）65737028　65788613

网址：www.hnstp.cn

策划编辑：陈淑芹

责任编辑：申卫娟

责任校对：崔春娟

封面设计：宋贺峰

版式设计：栾亚平

责任印制：张　巍

印　　刷：永清县晔盛亚胶印有限公司

经　　销：全国新华书店

幅面尺寸：140 mm×202 mm　印张：7.625　彩插：4　字数：204千字

版　　次：2016年5月第1版　2024年8月第3次印刷

定　　价：58.00元

如发现印、装质量问题，影响阅读，请与出版社联系并调换。

本书编写人员名单

主　编	梅承君	宋　歌		
副主编	张　玉	郑绘丽	曹慧娟	王旭昇
编　者	陈　悦	姚文超	赵学昭	宋晓玉
	刘颖慧	雷　蕾	曾　萍	田胜杰
	杨晓东	张润杰	柴森林	

前 言

近年来，我国肉兔产业发展迅速，无论是在养殖数量方面，还是产品的加工和出口方面，均位居世界前列。随着国内外市场对高档兔肉需求不断增长，使得我国肉兔产业发展出现新的格局，由粗放型向集约化、由小规模散养型向规模化、由家庭副业型向专业化、由传统型向科学化方向发展。讲究科学饲养，提高生产效益，形成良性循环，必将推动整个兔养殖业健康、可持续发展。

为满足广大肉兔生产者对高效肉兔生产技术的需要，传播肉兔科学高效养殖理念和知识，促进养殖场（户）肉兔生产技术和经营管理水平的提高，我们编写了这本《肉兔高效生产技术问答》。本书立足我国北方农村和农业生产实际，兼顾全国农业生产的特点，以推广肉兔高效生产技术为主，内容包括肉兔高效生产基础知识、品种繁育技术、环境控制技术、繁殖技术、饲料及营养需要、生产管理技术、疫病防治技术等。

本书在总结笔者研究成果的同时，吸纳了国内外最新科技成果，参考了先进经验和做法，力求新颖、系统、全面、通俗、实用，为广大读者提供较为理想的指导性用书，在此，要特别感谢河南玉兔兔业科技有限公司、许昌市鄢陵兴旺养殖专业合作社、河南鹤壁利通养殖有限公司、登封市明杰养殖专业合作社提供的支持和帮助。由于编者水平所限，书中不妥之处，恳请读者提出宝贵意见和建议。

编者

2015年10月

目　录

一、肉兔高效生产基础知识

1. 发展肉兔生产有哪些经济和应用价值？

（1）为人类提供优质肉产品。兔肉是优质肉产品，富含矿物质和维生素，其营养价值和消化率居畜禽肉之首。兔肉又是健康肉食品，具有“三高”（高蛋白、高赖氨酸、高消化率）和“三低”（低能量、低脂肪、低胆固醇）的特点，有利于人类健康，代表了现代人类对畜产品的需求方向。食用兔肉，利于儿童大脑发育和智商提高，增加成年人的皮肤弹性，延缓面部皱纹形成，国外称兔肉为“保健肉、美容肉、益智肉”。

兔肉公共卫生形象好，在200余种人畜共患病中唯独没有与兔有关的传染病；除犹太人外，尚未发现其他宗教或民族限制使用兔肉，兔肉具有广泛的食用群体。

（2）为皮革工业提供优质皮原料。肉兔皮是优质的皮革工业原料。与野生动物的毛皮比较，肉兔毛皮廉价量大。用兔毛皮制作的服装服饰（大衣、帽子、围脖、手套等）以及室内装饰品和玩具（毛毛熊、熊猫、狗狗等），在国内外市场深受消费者欢迎。兔皮因其质地轻柔保暖，并可染色成野生动物毛皮仿制品而具有广泛的消费人群。

（3）为科学研究提供理想实验动物。兔作为医学、药学和生殖科学等领域最理想的实验动物，早已被广泛认可。

(4) 为医学工业提供原料。兔的其他副产品仍具有较高的经济价值。如从兔肝脏中提取的硫铁蛋白，具有抗氧化、抗衰老和提高免疫力的作用，药用价值高，被称为“软黄金”，价格昂贵。目前，有多种生物制品（如疫苗、抗体、生物保健品）采用兔子来生产。

(5) 为土地提供高效肥料。兔粪含有的氮、磷、钾总量高于其他家畜粪便，是动物粪尿中肥效较高的有机肥料。

2. 发展肉兔养殖有哪些优势？

(1) 肉兔生产是低投入高产出的养殖项目。肉兔具有生长速度快、饲养周期短、饲料转化率高、繁殖力强等优点。与其他养殖业相比较，养兔业具有投资少、见效快、效益高等优点。发展肉兔养殖业是欠发达地区进一步完善农业产业结构、发展农村经济、增加农民收入的朝阳产业。

(2) 肉兔生产属于“节能减排型”畜牧业。肉兔养殖业是资源节约型畜牧业，肉兔养殖生产对水、电、建材等资源要求和消耗明显小于其他畜禽养殖；养兔产业又是环境友好型畜牧业，国内大中型养兔企业一般种植有优质牧草，在发展肉兔养殖业的同时，巩固了退耕还草区的种草成果，从而改善当地气候环境；肉兔的粪便含有丰富的有机质，可用作改良土壤的有机肥料，配以发酵沼气发电和生物复合肥等配套设施，是具有广阔发展前景的“节能减排型”畜牧业。

(3) 有效利用粮草资源，解决粮食短缺时的肉食品问题。兔是“高效节粮型”草食家畜，肉兔养殖能有效解决粮食短缺时人们的肉食品问题。

1) 饲粮以草为主。兔是单胃草食动物，其饲粮组成中草粉及其他农副产品（麸皮、米糠、饼粕类）等粗饲料原料占相当大的比例（40%～60%），且对饲料原料的要求较低。与耗粮型

的猪和鸡相比，更适合在地球人口越来越多、土地资源越来越紧张、粮食生产压力越来越大的情况下大力发展。

2）饲料转化率高。在良好饲养条件下，肉兔70日龄可达2.5千克，期间料肉比在3：1左右。与目前家养其他哺乳动物相比，肉兔以草换肉的效率最高。

3）生产力强。兔是高产家畜，具有性成熟早、妊娠期短、胎产仔数多、四季发情、常年配种、一年多胎以及仔兔生长发育速度快、出栏周期短的优势。1只母兔在农家养殖条件下年可提供30只商品兔，在集约化养殖条件下年可提供48只以上，每年提供的活兔重相当于母兔体重的18~30倍。在目前家养的哺乳动物中，兔的产肉能力最强。

3. 国外肉兔产业的发展历史是怎样的？

在国外，尤其是西欧各国早有养兔吃肉的习惯。早在公元前1100年，当时的腓尼基人在西班牙半岛就已发现一种栖息在当地的野生穴兔可以食用，以后逐渐扩展到南欧和北非。从16世纪初开始，在西欧，尤其是法国等地已经有人开始驯化野兔或依靠捕捉孕兔产仔来获取美味佳肴。其饲养方式多以围栏、栅养、圈养或散养等为主，饲料多为青草、树叶以及农作物秸秆和谷物籽实等。

随着生产的发展及人们生活水平的提高，兔肉需求量迅速增加，许多国家逐步开展了家庭养兔业。首先是法国、意大利和西班牙开始从事肉兔生产，其次是德国、比利时、荷兰、瑞士和英国。自20世纪70年代开始，法国、意大利等国家开始出现了专业化、工厂化生产的养兔场。意大利政府为了鼓励发展肉兔生产，在其中部和南部地区分别建立了基本母兔达250只以上的规模养兔场，政府给予50%的设备补贴，大大促进了肉兔业的发展。

4. 世界肉兔产业现状如何?

目前，世界上兔年饲养量已超过15亿只，其中肉兔约占94%。兔肉年产量现已达到210万吨，比1984年兔肉总产量100万吨，产量已翻了一番。肉兔皮年产量多达10多亿张。全世界约有106个国家（含中国）从事肉兔业生产，国外的主要生产国为意大利、法国、俄罗斯、西班牙、捷克、匈牙利、波兰、德国、葡萄牙、英国、美国、比利时、尼日利亚、印度尼西亚、埃及和菲律宾等，欧洲国家约占世界兔肉生产和消费量的85%以上。20世纪80~90年代，其兔肉生产和消费量都在继续增长，如意大利的兔肉生产量，20世纪70年代为15万吨，80年代达到20万吨，90年代已超过30万吨。

世界年人均兔肉占有量为350克，欧美一些国家相对较高，西欧2千克，东欧1千克，北非0.5千克，如意大利年人均兔肉占有量5.3千克、西班牙3千克、法国2.9千克、比利时2.6千克。据FAO（联合国粮食和农业组织）2006年报道，主要兔肉消费国人均占有情况是：马耳他8.89千克，意大利5.59千克，塞浦路斯4.37千克，西班牙3.15千克，乌克兰2.89千克，法国2.76千克，比利时2.61千克，卢森堡2.24千克，葡萄牙1.94千克。人均消费增长较快的国家是荷兰，自20世纪80年代以来荷兰人均消费兔肉数量已是70年代的4倍左右。兔肉生产和消费量历来较少的北美各国，自20世纪80年代中期以来，兔肉的产销量也呈明显的增长势头。

世界兔肉年贸易量6万~7万吨，占兔肉总产量的3.2%~3.5%。兔肉主要进口国有：意大利、法国、比利时、德国、瑞典、西班牙。兔肉主要加工再出口国有：法国、比利时、荷兰、英国、美国。传统的兔肉消费市场主要在欧盟各国，尤其是意大利、比利时、法国、英国、德国、荷兰等国自产兔肉不足，需要

大量进口。近几年日本、韩国及东南亚地区兔肉需求量激增，进口量比较大。意大利是进口兔肉数量最多的国家，每年需进口2万~3万吨；其次为法国，每年需进口1万~2万吨；英国和德国各需进口0.5万~1万吨。

5. 国外肉兔产业具有哪些特点？

目前，肉兔饲养业比较发达的国家主要有意大利、法国、英国、西班牙、德国、美国等，在肉兔生产上有以下几个显著特点：

（1）生产经营集约化、现代化。随着经济与科技的发展，国外养兔业比较发达的国家肉兔生产已由粗放型逐渐向集约化、现代化方向发展。在发展家庭养兔的同时，出现了高度集约化、现代化的养兔场，采用封闭式兔舍，自动控温、控湿，自动喂料和饮水，自动清除粪便，不仅大大提高了劳动效率，而且不受季节影响，可以进行密集繁殖，形成规模化、工厂化生产，特别是环境调控、饲料和饮水供应等方面现代化程度较高。饲养区域集中、饲养密度大、饲养设施机械化、自动化条件好。兔舍跨度较大，室内采用单层或多层镀锌金属兔笼饲养，兔舍全封闭，喂料、饮水以及空气交换、光照、温度均由机械自动控制，粪便由刮粪板或传送带清出舍外。其优点是兔舍空间利用充分，环境科学控制，操作简单方便且节省人工，有利于饲喂及清扫消毒。

集约化生产大都采用现代化“全进全出”的方式。应用先进的兔人工授精技术及母兔的“三同”技术（同期发情、同期配种、同期生产），仔兔的早期断奶等技术，使商品兔同时上市，提供质量一致、规格一致的产品，使肉兔商品化生产经营的优点更加突出，更便于进入市场进行交易。

（2）饲料营养标准化、颗粒化。随着大规模、集约化、现代化养兔业的兴起，饲料加工出现了工厂化、专业化、营养成分标准化和饲料形状颗粒化的趋向。一些国家，如美国、英国、德国、法国等均制定了兔饲养标准和饲料配方。在美国，颗粒饲料多按哺乳、妊娠、断乳、配种等营养需要而分别配制销售。

先进国家的牧草商品率很高，优质的豆科、禾本科草捆、草块、草颗粒等如同谷物饲料一样均能从市场采购到。兔用饲料加工实现了工厂化、专门化，营养需要达到了标准化，饲料形状颗粒化。由于兔饲料占整个饲料需求的比例十分有限，很难成为大众商品，所以兔全价颗粒饲料（分种兔料、育肥兔料）常由专业饲料厂根据兔场要求（配方）组织生产，然后用纸袋包装或用大型料车送到养兔企业。在饲料营养配制方面，除强调消化能、粗蛋白质、粗纤维等常规指标外，还特别强调必需氨基酸的含量及比例、微量元素及维生素等营养素的含量及比例，现已基本实现全价颗粒饲料，饲喂更方便，效果更好。

（3）育种专业化、品种配套化。近年来，国外的肉兔生产已由开始的纯种选育向多品种配套系、经济杂交方向发展。一般由 3 个或 4 个专门化品系组成，即三系配套或四系配套，父系品种育肥性能比较突出，母系品种则在繁殖性能上有巨大优势，父系和母系之间又有较强的特殊配合力，杂交产生的商品肉兔具有良好的育肥性能和经济效益。先进国家的肉兔生产普遍采用杂交配套系，著名的 ZIKA（齐卡）兔就是通过三系杂交形成的。还有 ELCO（埃哥，也称布列塔尼）兔、HYPLUS（伊普吕）兔和 HYLA（伊拉）兔都是通过四系杂交配套形成的。无论是三系还是四系杂交，其效果都十分明显，但三系杂交能有效降低培育时间和成本，加快育种进程。

商品肉兔的生产主要依靠杂交品种，杂交配套系生产的父母代种兔受胎率高，产仔多，泌乳能力强。通过杂交生产的商品兔在抗病能力、生长速度、屠宰率及饲料报酬方面都有明显优势。

（4）肉兔繁殖科学化、效益化 。由于科学技术的进步、饲

养条件的改善，一些养兔发达国家肉兔的生产性能很高。一般来说，70 日龄左右即可出栏，体重达到 2.25 千克以上，饲料消耗系数低于 3，即每增重 1 千克，饲料消耗不足 3 千克。母兔年产仔兔 50 只以上，1 个笼位（兔笼养，母兔在空怀期和妊娠期几只母兔占 1 个笼位）年提供断奶兔 90~100 只。肉兔繁殖全部采用先进的人工授精技术，1 只公兔承担 15 只以上母兔的供精任务，200 只母兔的配种任务只需 2 人，6~8 小时完成（包括采精）。配种母兔采取非检验、循环运行模式，有效地减轻了集中配种的工作强度。

应用了 20 余年的仔兔早期断奶（21 日龄和 28 日龄断奶）技术已被证明是提高母兔繁殖率的行之有效的措施和必要手段。

良好的生存环境和全价配合饲料使母兔能够经受频密或半频密繁殖，受胎率、产活仔数、仔兔存活率、肉兔商品率明显得到提高。

（5）兔病预防早期化、免疫化。肉兔个体小、群体大、抵抗力低、容易感染各种疾病，因此，世界上许多养兔国家，防治兔病都在向预防为主的方向发展。对一般的普通病和常发病，多以早防、早治为主，以减少因兔病而造成的经济损失；对各种传染病，则以定期进行预防注射为主，以增强肉兔对传染性兔病的免疫力，达到预防某种传染病的目的。另外，兔防病不是依靠疫苗、抗生素，而是采用有效的防控手段，常见防疫方法有：①以清洗消毒为主；②加速种兔的繁殖、世代更新；③分群饲养，尽量同进同出；④防止病从口入，避免应激发生；⑤发现病兔果断扑杀，即把疫病消灭在萌芽状态。以防为主，效果很显著。

（6）产品利用综合化、加工化 。在肉兔产品中，除兔肉、兔皮等主要产品外，还有骨、血、脑、胃、肠、肝、胆、肺、肾、残皮以及兔粪等副产品。一些养兔业比较发达的国家都非常重视这些副产品的开发和利用，变废为宝，增加产值。例如，兔的骨、血可加工为畜禽的动物性饲料；兔的脑、胃、肠、肝、胆等可作为轻工业和医药卫生工业的原料，加工制成血卟啉、血清蛋白、胃蛋白酶、脑磷脂、胆固醇等产品。

6. 近年来，我国肉兔品种发展呈现怎样的趋势？

（1）白色肉兔备受青睐。近年来，白色肉兔的市场需求旺盛，发展迅猛。其理由有三：其一，剪毛工艺的提高和普及。经过剪绒机处理后，能将长短不一、针毛外露的白色肉兔的皮张变成长短一致、美观大方的“仿”獭兔皮。其二，对实验动物的需求量增加。生物技术和生命科学成为当今的研究热点，使实验动物需求量增加，而对实验肉兔，无论是纯粹的科学实验，还是生物制品的生产，最理想的肉兔为白色的大耳白和新西兰系列。其三，因出口兔肉讲究漂亮的外观，而白色肉兔产品优于其他毛色。

（2）黄色肉兔需求旺盛。在中国传统观念中，“黄”是吉祥和权贵的象征。在经济较发达的南部省份，尤其是福建和广东，无论是肉鸡、肉兔还是蔬菜，人们更喜欢消费带黄色的产品。因而黄色肉兔备受欢迎，而且价格要比其他毛色的高。

（3）配套品系悄然兴起。我国先后从国外引进了一些肉兔配套系，分别是伊拉兔、伊高乐兔、伊普吕兔、齐卡兔和埃哥（布列塔尼）兔等配套系。尽管配套系目前在我国推广有相当的难度，但由于其优良的特性（如生长速度快、繁殖性能高等）和一些企业的大力推广，在一些地方，配套系饲养量不断增加。

7. 国内肉兔的市场呈现什么样的特点？

（1）生产区域不平衡。我国年生产兔肉在 40 万吨以上，但生产区域不平衡。主要生产省市在四川、重庆、山东、河北、河南、山西和江苏等，生产量约占全国总量的 80%。其他地区尽管

也不断增加，但限于养殖习惯、技术和市场等因素，在短期内其养殖基本格局不会出现大的变化。但是，由于政策、资金和资源等方面的影响，西部地区将成为肉兔生产的新的增长区域。

（2）消费区域不平衡。受传统习惯的影响，我国多数省份兔肉的消费量很少。除了四川和重庆的生产和消费同步，广东、福建消费大于生产外，其他省份的兔肉消费成为主流还比较困难。

（3）价格区域不平衡。兔肉价格历来存在着时间差和地区差。一是由于一年四季肉兔生产的不均衡性，消费的不均衡性，存在供求差异，也导致价格上的时间差；二是地区消费量的差异和供求矛盾的差异，导致价格的地区差，一般来说，广东和福建等兔肉的价格比北方省份高一倍以上。这种价格上的差异导致北养南销的局面，也是南北合作，优势互补的具体体现。

（4）獭兔生产对肉兔形成一定的冲击。獭兔以皮用为主，皮肉兼用。其肉质优良，出肉率高，加之优质獭兔的效益较高，因而，在一些地方无论是饲养，还是兔肉的销售，均对肉兔产生一定的冲击。但是，从整体来说，目前獭兔的饲养量与肉兔还不能抗衡，主要因为獭兔的饲养受到区域的限制，獭兔饲养的主要区域是兔肉消费量较少的省份，特别是獭兔的饲养周期长，对饲料和营养条件要求也较苛刻，因此，限制了獭兔在广大的农村，特别是贫困地区的发展。

8. 我国肉兔饲养和经营方式有哪些新变化？

（1）“公司+农户”成为发展的基本模式。今后这种机制将不断完善，并发挥越来越大的作用。

（2）规模化兔场发展势头强劲。肉兔养殖以家庭养兔为主，但是，限于资金、技术和信息等方面的影响，家庭养兔规模小、技术含量低、盲目性大及产品的非标准化等许多弱点充分显露，这与社会化大生产和国际国内市场对兔肉产品要求强劲不相协调。因此，规模型兔场发展空间大，势头强劲。现在兔肉出口大省山东，已出现年出栏 20 万只以上的兔场。

（3）家庭中小规模兔场是长期的平衡器。占据饲草饲料资源、场地资源和劳动力资源优势的广大农村家庭，是中国肉兔养殖的主体，无论是过去、现在，还是将来，这种格局不会改变。随着科技的不断进步，市场的不断变化，家庭兔场的规模会逐渐增加。实践证明，家庭中小规模兔场对兔肉的社会提供量，将是长期的平衡器。

9. 制约我国肉兔业发展的瓶颈是什么？

（1）深加工将是肉兔业发展的瓶颈。肉兔业要发展，要增效，必须搞深加工。过去我国针对出口进行了兔肉的简单加工，也进行了兔皮和兔肉熟制品的加工，但品种单一，多数加工科技含量低，使肉兔产品增值不高。今后肉兔加工的方向是利用高新技术，进行肉兔的全方位深加工，特别是对兔副产品的深加工，这是中国兔业的发展重点、难点和瓶颈，也是未来兔业投资的热点之一。

（2）绿色兔肉生产势在必行。人们对食品质量的要求愈来愈高，因此以无污染、安全、优质、营养为基本内涵的生态食品——绿色食品越来越受到欢迎。肉兔以食草为主，其污染源较少，生产绿色兔肉的难度要小于耗粮型动物，因此生产绿色兔肉的重点是控制各种化学兽药和抗生素的使用，而代之以微生态制剂和中草药制剂等天然、绿色和无污染药物。

10. 为什么说发展养兔生产符合我国国情？

（1）政策环境。党中央高度重视农业、农村和农民问题。特别是 2007 年 7 月 1 日起施行的《中华人民共和国农民专业合

作社法》，核心还是促进和扶持农民增收、建设社会主义新农村和谐社会。养兔走进的是农村，贴近的是农民，增加的是农民收入，解决的是农民增收难的问题，农民养兔增收，符合国情、民情，符合党心、民心、人心。

（2）农民环境。我国农民有养兔的传统习惯；当今农民有养兔增收的要求；养兔技术好普及、农民好接受，农村还有取之不尽的饲草资源。这一切都是农民养兔增收、发展兔业的好环境。

（3）市场环境。今天，如果农民手中有 100 张、1 000 张、10 000 张兔皮，收购商将会蜂拥而至，争相抢购；如果农民手上有 100 只、1 000 只肉兔，加工商也会闻风而动，上门收购。

综观当今兔业形势、兔业优势和兔业环境，可以看到，我国兔业将迎来天时、地利、人和的大好机遇。那些有识之士，将按照人们追求安全、追求质量、追求时尚的强烈愿望，投入兔业开发。人们盼望已久的兔内脏生化制药开发，兔金属硫蛋白也将问世，这将使兔业从业人员为之自豪，因为他们所从事的兔产业是和人们吃、穿有密切关系的产业，是健康产业、时髦产业，又是为人类创造兔业财富的产业。可以预测，未来十年，是兔业发展的黄金时期，也是兔业商品生产的黄金时期。当然，对于养兔者来说，一定要禁忌那种高潮时期养兔，低潮时期宰兔的错误做法，提倡低潮时期养兔，高潮时期卖兔，养兔才能成功。十年之后，“毛兔航母”“肉兔航母”和“獭兔航母”将会相继浮出水面，兔业行业将会向传统大产业猪、鸡、牛、羊产业靠近。养兔大县、大市，加工大县、大市会更多，并且成为这些大县、大市农村的支柱产业。兔业总产值将突破千亿元；我国的养兔大国地位也将上升为世界养兔强国，屹立在世界东方。

11. 肉兔有哪些生活习性?

（1）昼伏夜动。兔的生活习性与鼠接近。白天安静地卧于笼中，夜间十分活跃，并大量采食，夜间采食量占全天的70%以上。

在某种条件下，兔很容易进入困倦或睡眠状态，这时感觉降低甚至消失。例如将兔侧卧或四脚朝上呈“U”字形姿势，然后用手轻轻顺毛抚摸，或按摩太阳穴，在两分钟内兔就会进入睡眠状态。

（2）胆小怕惊。兔是一种胆小的动物，突然的喧闹声、生人和陌生动物的出现，如猫、狗等都会使它惊慌失措。在饲养管理中，应尽量避免引起兔子惊慌的声响，同时要禁止陌生人和猫、狗等进入兔舍。

（3）喜干怕湿。兔的汗腺不发达，主要靠呼吸散热，故长期处于高温（35 ℃以上）的潮湿环境会引起大批死亡。实验证明，成年兔最理想的环境温度为14～20 ℃，初生仔兔窝内温度为30～32 ℃，干燥、清洁对兔健康十分有利。而兔也很讲卫生，经常用前爪“洗脸”，吃食、拉屎撒尿和睡觉三点定位。兔的肛门、口、鼻不洁净时，说明有病，要尽快查清原因，对症治疗。

（4）不合群，好独居。兔在自然条件下，都各自打洞独居，只有交配季节才在一起。无论是公母兔、同性兔，在一起会常常争斗，引起外伤，如把耳或睾丸咬掉等。因此兔宜于单笼调养。

（5）好啃食。兔的大门齿是恒齿，终生生长。如经常喂给柔软料，兔就自然而然地要啃咬木笼等物，以保持适当的齿长。因此，应往兔笼内投放一些树枝。制作兔笼时尽量不留棱角，使兔无法啃咬，以延长兔笼的使用年限。

12. 肉兔有哪些特殊的采食习性?

（1）草食性。兔子喜食植物性饲料，而对带有腥味的动物性饲料却毫无兴趣。如果在兔饲料中加入过多的鱼粉等动物性饲料，有可能导致兔的拒食。兔的嗅觉和味觉发达，它们通过鼻闻和口尝来鉴别饲料的“好坏”。要想在兔子饲料中加入一些它们不爱吃的动物性饲料，可添加调味剂或在量上由少到多逐步过渡。

（2）挑食性。在野生条件下，兔凭借着发达的嗅觉和味觉选择自己喜爱的饲料。在人工饲养条件下，虽然没有挑选饲料的自由，但它们对所提供的饲料的反应却不同。对于不喜欢的饲料，轻则少吃，重则拒吃，甚至扒食，造成浪费。一旦形成习惯，将不好调教。为了防止兔挑食，应合理搭配饲料，并进行充分的搅拌。对于有异味的饲料（如添加的药物），除了粉碎和搅拌以外，必要时可加入调味剂。

（3）啃食性。兔和老鼠相似，门齿终生生长。为了磨去不断生长的那部分牙齿，以始终保持适宜的长度，便于正常咀嚼食物，兔经常啃咬较坚硬的物料，如木制门窗、竹板等。当饲料中的粗纤维含量不足或饲料的硬度不够时，其牙齿得不到磨损，便啃咬笼具，使之受到破坏。为了防止这类事情发生，配合饲料中应保持一定量的粗纤维。颗粒饲料可有效地预防啃咬。平时在笼内投放些修剪掉的果树枝条，让其自由啃咬，既可防止乱啃，又可提供营养，一举两得。

（4）食粪性。兔排出硬粪和软粪两种粪便。硬粪多在白天排出，软粪仅在夜间产生。软粪一般是见不到的，因为兔子会直接将其吞食。部分硬粪也会被兔子采食。软粪中含有较多的优质蛋白质、矿物质、维生素及一些具有生物活性的物质。硬粪所含的营养虽然没有软粪高，但它是经过微生物代谢后的产物，具有一些特殊营养，对于兔是有益的。通过采食自己的粪便，补充了常规饲料中所缺乏的营养物质，使之得到多次循环利用，提高了饲料的利用率，预防和缓解了一些营养缺乏症。由于硬粪中含有较多的粗纤维（30%），对于预防腹泻也起到了一定作用。食粪是兔的正常行为，是健康的标志，应创造安静的环境，满足其生理需求。

13. 肉兔的消化有何特点？

肉兔是单胃草食家畜，与其他动物相比，有其独特的消化特点，主要表现在以下几个方面。

（1）胃的消化特点：在单胃动物中，兔子的胃容积占消化道总容积的比例最大，约为35.5%。由于兔子具有吞食自己粪便的习性，兔胃内容物的排空速度是很缓慢的。实验表明，饥饿2天的兔，胃中内容物只减少50%，这说明兔子具有相当的耐饥饿能力。胃腺分泌胃蛋白酶原，蛋白酶必须在胃内盐酸的作用下（pH1.5）才具有活性。15日龄以前的仔兔，胃液中缺乏游离盐酸，对蛋白质不能进行消化。16日龄以后胃液中才出现少量的盐酸。30日龄时，胃的功能基本发育完善。在饲养中应注意这一特点。

（2）盲肠的消化特点：兔消化的最大特点在于发达的盲肠及其盲肠内微生物的消化。兔子盲肠有适于微生物活动所需要的环境：较高的温度（39.6~40.5℃，平均40.1℃）、稳定的酸碱度（pH6.6~7.0，平均6.8）、厌氧和适宜的相对湿度（含水率75%~86%），给以厌氧为主的微生物提供了优越的活动空间。盲肠微生物的巨大贡献是对粗纤维的消化，它们可分泌纤维素酶，将那些很难被利用的粗纤维分解成低分子有机酸（乙酸、丙酸和丁酸），被肠壁吸收，同时，提高了饲草中粗蛋白质的利用率。粗纤维是兔的必备营养，是任何其他营养所不能替代的。当饲料

中粗纤维含量不足时，将导致消化系统功能失调，出现腹泻或肠炎而大批死亡。此外，由于微生物的存在，兔可以利用非蛋白含氮物（如尿素）合成微生物蛋白，而后通过食粪转化为动物蛋白。实验表明，兔盲肠微生物也可以利用无机硫合成含硫氨基酸。

（3）胃肠壁的脆弱性：实践表明，兔消化系统的疾病较多，而且，兔一旦发生腹泻或肠炎，很难救治，死亡率极高，故农村流传着“兔子拉稀——没治了”的歇后语。饲料中粗纤维含量不足、饮食不卫生、饲料突变、腹部受凉等因素都将引起兔子消化道内环境的改变，盲肠内正常的微生物区系平衡的打破，大量有害微生物繁殖并产生毒素，使兔肠壁受到破坏，不仅蠕动加快发生腹泻，而且毒素被吸收进入血液，造成兔中毒而死亡。

14. 肉兔的生长发育和营养需要有何特点?

肉兔的生长表现为体重的增加和体形的变大，实质是肌肉、骨骼、脂肪、各种组织器官的增长，主要是蛋白质和矿物质的增加。除遗传因素外，营养条件的良好能保证兔子生长的速度最快，获得的效益最高。

兔子在生长期间的物质代谢旺盛，同化作用大于异化作用，在生长过程中呈现出规律性变化，即呈现出生产递增期、生长递减期，以及体重体长的绝对生长呈现出慢—快—慢的生长规律。部位和体组织增长最快的是头、腿及骨骼，其次是体长及肌肉，最后是体身、体宽及脂肪。在兔增重成分中，水分随年龄增大而降低，脂肪随年龄增大而增多，蛋白质和矿物质最初增长很快，以后随年龄增大而逐渐减少，最后趋于稳定。为此，兔子对生长期的物质要求是有顺序的，根据这些规律，可以在兔子的各个生长阶段给予不同的营养物质，早期应注重矿物质、蛋白质、维生素的供给，中期应注重蛋白质供应，后期应尽量多用含碳水化合物丰富的饲料。

生长兔对能量的需要依照增加体重中的脂肪和蛋白质的比例的不同而不同，沉积的脂肪比例大，需要的能量多。兔在3～4周龄时生长非常迅速，随年龄增长而增加体重，所增加的体重中，脂肪比蛋白质多，因而每单位增重所需能量也多。实验表明，生长兔每克增重的能量消耗与年龄之间存在线性关系，即$y=1.8x+3.2$（y为每增重1克体重所需要的消化能，单位为千焦；x为周龄）。生长兔蛋白质需要量随体重增加而增加，蛋白质的供给量应为维持需要的2倍。矿物质是维持兔正常生长必需的，也是幼兔生长的必要成分之一，幼兔在生长过程中，矿物质占体重的3%～4%，主要为钙、磷；仔兔生长快，对钙、磷需要量大。生长兔体内代谢非常旺盛，必须供给充足的维生素，以保证物质代谢的正常进行，促进其健康生长；生长兔对维生素A最为敏感，缺乏时可引起生长停止，发育受阻，患夜盲症，对疾病抵抗力降低。

15. 肉兔有哪些繁殖特性?

肉兔的繁殖过程与其他家畜基本相似，但也有其独特之处。了解这些生理特性有助于掌握肉兔的繁殖规律。

（1）繁殖力强。肉兔繁殖力强的表现是：每胎产仔数多，妊娠期短；一年多胎，母兔产后不久即可配种受孕；仔兔生长发育快，性成熟早。据报道，1只繁殖母兔，最多的一年可繁殖8～11胎，提供商品肉兔55只，相当于母兔本身体重的20～25倍。

（2）阴道射精。母兔的阴道很长，而公兔的阴茎很短，这种奇特的生殖器官结构，决定了公兔的射精位置为阴道。在自然交配情况下，不会发生什么问题；但在人工授精时，往往因输精管插得过深，可能插入一侧子宫颈口内，招致一侧子宫受孕，另一侧不孕的现象。

（3）刺激性排卵。肉兔属刺激性排卵动物，没有明显的发情周期，排卵不是发情的必然结果。卵巢中的成熟卵子在没有性刺激的情况下，不会轻易排出，只有经交配刺激后才能排出，如无交配刺激则逐渐被机体所吸收，这种特性在生产上是有益的。实践证明，可以采取强制交配的方法或给母兔注射绒毛膜促性腺激素，促使母兔排卵、受孕，以增加产仔胎数，提高繁殖率。

（4）母兔假孕现象。在生产实践中，偶尔可见有的母兔在受性刺激后排卵而未受精，就会出现假孕现象，即出现类似妊娠母兔的假象，如不接受公兔交配，乳腺膨胀，衔草筑窝等。造成假孕现象的外因可能是不育公兔的性刺激，或群养母兔的相互追逐爬跨，引起母兔排卵而未受孕；其内因可能是排卵后，由于黄体存在，黄体酮分泌，使乳腺激活，子宫增大，从而出现假孕现象。假孕现象的持续时间为 16 ~ 17 天，由于没有胎盘，加之黄体消失，黄体酮分泌减少，从而终止假孕现象。

（5）公兔夏季不育。在肉兔的繁殖实践中，经常碰到夏季配种难的问题，主要原因在于公兔的性欲和精液品质。据测试，春季（3 月）公兔性欲最旺盛，射精量最多，精子密度最大、活力最好；夏季（7 月）公兔性欲最差，精子活力下降，浓度降低，死精和畸形精子比例增大，这种现象就叫公兔的夏季不育现象。造成公兔夏季不育的主要原因就是气温和光照。肉兔对环境温度的反应极为敏感，当外界温度高于 32 ℃ 时，公兔体重减轻，性欲下降，睾丸呈实质性萎缩，阴囊下垂变薄，射精量减少，精子密度降低，死精和畸形精子增加。由此可见，精液品质恶变是公兔夏季不育的根本原因。

16. 如何理解标准化规模养兔？

肉兔规模养殖生产，就是利用现代科学技术、工业设备和工业化生产方式，采用先进的科学方法来组织和管理集约化肉兔养殖生产，以提高劳动生产效率、生产水平，从而达到稳产、高产、安全、优质和低成本、高效益的目的；肉兔标准化生产，就是在肉兔规模化养殖场的场址选择、栏舍建设、生产设施设备、良种选择、投入品使用、卫生防疫、粪污处理等方面严格执行法律法规和相关标准，并按照规范的程序组织肉兔的生产过程（图 1.1）。

图 1.1　某标准化规模养兔场兔舍内景

17. 兔肉有哪些独特的营养价值?

兔肉性凉味甘，在国际市场上享有盛名，被称之为“保健肉”“荤中之素”“美容肉”“百味肉”等。每年深秋至冬末间味道更佳，是肥胖者和心血管患者的理想肉食。

（1）兔肉富含大脑和其他器官发育不可缺少的卵磷脂，有健脑益智的功效。

（2）经常食用可保护血管壁，阻止血栓形成，对高血压、冠心病、糖尿病患者有益处；并能增强体质，健美肌肉；还能保护皮肤细胞活性，维持皮肤弹性。

（3）兔肉中所含的脂肪和胆固醇，低于其他肉类，而且脂

肪又多为不饱和脂肪酸，故常吃兔肉，可强身健体，但不会增肥，是肥胖患者理想的肉食。女性食之，可保持身体苗条，因此，国外妇女将兔肉称为“美容肉”。而常吃兔肉，有祛病强身作用，因此，有人将兔肉称为“保健肉”。

（4）兔肉中含有多种维生素和8种人体所必需的氨基酸，含有较多人体最易缺乏的赖氨酸、色氨酸，因此，常食兔肉可防止有害物质沉积，让儿童健康成长，助老人延年益寿。

表1.1 兔肉中氨基酸、维生素及矿物质含量

名称	含量	名称	含量
氨基酸		烟酸（毫克/千克）	21.2
亮氨酸（毫克/千克）	8.6	吡哆醇（毫克/千克）	0.27
苏氨酸（毫克/千克）	5.1	泛酸（毫克/千克）	0.10
精氨酸（毫克/千克）	4.8	维生素 B_{12}	14.9
缬氨酸（毫克/千克）	4.6	叶酸（微克/千克）	40.6
蛋氨酸（毫克/千克）	2.6	生物素（微克/千克）	2.8
组氨酸（毫克/千克）	2.4	矿物质	
赖氨酸（毫克/千克）	0.87	锌（微克/千克）	54
异亮氨酸（毫克/千克）	4.0	钠（微克/千克）	393
苯丙氨酸（毫克/千克）	3.2	钾（微克/千克）	2
维生素		钙（微克/千克）	130
硫氨酸（毫克/100克）	0.11	镁（微克/千克）	145
核黄素（毫克/100克）	0.37	铁（微克/千克）	29

18. 兔产品具有哪些特殊的经济价值？

（1）兔皮。兔皮分为毛皮和革皮两种，多以毛皮为主，大量用作制裘，其次为革皮，残次皮多用于制革。毛皮是保存毛被加工鞣制而成的产品，主要用于御寒。肉兔的毛皮被毛浓密，质地轻柔，美观，可制造各种衣着用品，其中白色兔毛皮经过染色加工后，可模拟各种高级兽皮，制成的衣物尤为美观。随着科学的发展和染色技术的提高，在兔皮染色过程中，除白色兔皮可直接染色外，其他杂色兔皮可先褪成浅色后再行染色，亦能取得同样效果。

（2）副产品的价值。

1）兔皮下脚料生产明胶。明胶属蛋白质，存在于真皮结缔组织胶原纤维中的胶原蛋白是主要的成胶物质。胶原在常温下不溶于冷水和稀酸、稀碱溶液，但在适宜的温度下能溶解，使纤维呈半透明状态。胶原在水中长时间加热，就能通过水解而成为明胶。肉用兔的废料皮子以往多作废料处理，但在集中屠宰的加工场，积少成多，可用以生产明胶。

2）兔脏器的利用。兔的脏器食用价值很低，弃之又十分可惜，但经综合利用，其经济价值甚为可观。

①兔肝：兔肝在医药工业上可提取肝精、肝宁片和肝注射液等。

②兔胰：利用胰脏可提取胰酶、胰岛素等。

③兔胆：用兔胆提取胆汁酸，提取率可达3%，而牛、羊胆的提取率只有0.3%，所以，兔胆是提取胆汁酸的良好原料。

④兔胃：兔胃胃壁黏膜能分泌胃液，含有盐酸和胃蛋白酶原，在医药工业上常用兔胃提取胃膜素和胃蛋白酶等。

⑤兔肠：兔肠管长度为体长的10倍左右，在医药工业中可用兔肠作为提取肝素的原料。

19. 肉兔的正常体温、呼吸频率、心跳分别是多少？

兔是恒温哺乳动物，正常体温为38 ℃，临界温度（即对外界温度要求的极限范围，超出该范围便不能正常生长和繁殖）为15 ℃；兔生长繁殖的适宜温度一般为25 ℃，外界温度如上升到35 ℃以上，若不采取降温措施，有可能发生死亡。相比较而言，兔怕热而不怕冷（初生仔兔例外），某些条件下，成年兔可以忍

耐低温。

兔的心跳频率为258次/分±2.8次/分，动脉压为110（95~130）毫米汞柱，呼吸频率为51（38~60）次/分。

20. 为什么肉兔会换毛、脱毛？

肉兔脱毛在养兔生产过程中比较常见，病兔通常皮肤无毛或被毛稀少，甚至被毛不能继续正常生长。笔者根据多年实践将其发病原因与防治方法归纳如下。

（1）非病理性脱毛。

1）母兔在临产前，拔自身毛为产崽做窝。因此，在母兔临产前，应铺垫稻草等柔软物品，以减少兔毛的损失。

2）个别兔有拔（吃）自身毛的恶癖而导致脱毛。可通过隔离、多喂青料等方式加以矫正。

3）春季3~4月，秋季9~10月，兔会有季节性的生理性换毛。

4）笼具及饲料盒的摩擦而发生脱毛。平时要经常检查笼具，注意笼具的光滑度，减少兔毛不必要的损失。

5）营养不良性脱毛。饲料中含纤维素不足，有的因缺乏微量元素钙、磷，尤其是镁等矿物质，或缺乏维生素A和B族维生素以及缺乏含硫氨基酸等导致兔掉毛或吃毛。属于缺乏某种元素性质的脱毛，应根据饲料配比，适当添加某种元素或营养物质。

（2）病理性脱毛。

1）体表寄生虫引起脱毛。疥癣病引起全身各部位的脱毛较多，以冬春季发病率较高。常见兔患部有炎性渗出液，色淡黄，若被细菌感染会出现脓性痂皮，出现断毛、脱毛、毛长短不一，并往往发生瘙痒。刮取患部与健部交界处的皮屑，放在玻璃片上加一滴煤油，在低倍显微镜下可见螨虫。用灭虫丁注射或兔癣一次净涂搽可根除。同时，要做好兔舍、兔笼的消毒工作。

2）皮肤真菌病引起的脱毛。该病一年四季、各年龄兔均可发生，但以幼兔发病居多。病兔有白色皮屑，周围有粟粒状突起，形成圆碟形脱毛。刮取皮屑放在玻璃片上，滴加10%氢氧化钠溶液数滴，立即放在酒精灯上加热2～3分钟，在显微镜下可看到菌丝和孢子。确诊后采用癣膏涂搽或内服灰黄霉素治疗。用药前若将患部残存的毛拔净，效果更好。

3）细菌性疾病引起的脱毛。坏死杆菌可引起外伤性传染病，可见口腔黏膜、皮肤和皮下组织发生坏死、溃疡和脓肿。当兔的不同部位发生坏死性炎症时，患部皮肤发生脱毛。此外，肉兔受到绿脓杆菌、败血性巴氏杆菌、金黄色葡萄球菌、链球菌感染时，都可引起皮肤发炎导致脱毛。

对于细菌引起的皮炎，一般采用1%～3%的过氧化氢溶液或0.1%的高锰酸钾溶液洗涤患部，并配合敏感药物给予全身治疗。细菌引起皮炎所致脱毛，炎区面积大，愈后患部很少长毛，若配合患部揉搓，能收到一定疗效。

针对脱毛这一病症的发生，要综合判断分析。应先从营养的角度考虑，然后再从疾病方面找原因。现有不少养殖户，一味地把不管什么原因造成的脱毛都当作是疥癣病脱毛，采用灭虫丁或兔癣一次净治疗，是不会收到理想效果的。因此，分析脱毛原因是关键所在。

二、肉兔高效生产品种繁育技术

21. 著名的优良肉兔品种有哪些?

（1）新西兰兔。新西兰兔原产于美国，是近代最著名的优良肉兔品种之一，世界各地均有饲养。被毛纯白色，眼呈粉红色，头宽圆而粗短，耳小、宽厚而直立，嘴巴方正，颌下有肉髯，颈粗短，臀部丰满，腰肋部肌肉发达，四肢强壮有力，脚毛丰厚，全身结构匀称，特别适于笼养。生产性能：体形中等，尤以早期生长速度快而著名，一般 70 日龄出栏，体重可达 2 千克，屠宰率可达 58%，产肉率高，肉质细嫩。母兔繁殖力强，最佳配种年龄 5~6 月龄，年产 5 窝以上，每窝产仔 7~8 只。成年兔体重 3.5~4.5 千克。该兔适应性、抗病性强，耐粗饲，性情温顺，易于管理，饲料利用率高。

（2）比利时兔。比利时兔原产于比利时弗朗德地区，是英国育种家用野生穴兔改良选育形成的大型肉兔品种。被毛黄褐色或深褐色，整根毛的两端色深，中间色浅，眼黑色，耳大直立，耳尖有光亮的黑色毛边，额宽圆，头形似“马头”，颈粗短，有肉髯，后躯较高，四肢粗大，体质结实，酷似野兔。生产性能：体形大，生长快，耐粗饲，适应性好，抗病力强。仔兔出生体重 50 克，90 日龄可达 2.5 千克，成年兔体重 5~6 千克，屠宰率 55%以上，肉质鲜嫩。母兔繁殖性能好，年产 5 窝，每窝产仔

7~8只，泌乳力好，仔兔成活率高。生产上以比利时兔为父本与其他兔杂交生产肉兔，杂种优势明显。缺点是笼养时相对于其他兔易患脚皮炎和疥螨。

（3）加利福尼亚兔。加利福尼亚兔原产于美国加利福尼亚州，由喜马拉雅兔、青紫蓝兔和新西兰白兔杂交育成，是现代最著名的肉兔品种之一，在世界各地广为饲养。被毛为白色，鼻端、两耳、尾及四肢下部为黑褐色，故称“八点黑”。八点黑的颜色，幼兔色浅，随年龄增长而加深；冬季色深，夏季色淡。头大小适中，耳小直立，眼红色，嘴头钝圆，体短宽深，肌肉丰满。生产性能：体形中等，早期生长速度快，仔兔出生体重50~60克，70日龄出栏，体重可达1.75~2千克，成年兔体重3.8~5.0千克。母兔繁殖力强，年产5窝以上，每窝产仔7~8只，母性好，泌乳力强，被誉为保姆兔。屠宰率54%以上，肉质鲜嫩。成熟早，早期生长速度快，繁殖力强，仔兔成活率高，适应性和抗病力强，特别耐粗饲，皮板质量好。

（4）花巨兔。花巨兔原产于德国，为著名的大型皮肉兼用兔。全身被毛为白底黑花，鼻端、嘴周围、眼圈及整个耳朵为黑色，从耳后至尾根有一条黑色的背线，体躯两侧有若干大小不等而对称的黑花斑。体躯长，呈弓形，腹部离地较高，骨骼粗大，体格健壮，好动，行动敏捷。生产性能：早期生长发育较快，仔兔出生体重70克，90日龄可达2.5千克，成年兔体重5~6千克。母兔繁殖率高，每窝产仔11只左右，母性稍差，饲料营养满足时，泌乳力也不错。缺点是毛色遗传不稳定。

（5）中国白兔。中国白兔系皮肉兼用兔品种，主要供肉用，故亦称菜兔。被毛大多为白色，也有少数个体为麻、黑、灰等色，毛长2.5厘米，短而紧密。体形较小，头清秀，耳短小直立，眼为红色，嘴较尖。生产性能：生长缓慢，产肉性能差。成年兔体重1.5~2.5千克。繁殖力强，1年可产5~6窝，1窝最多

产仔 10 只，一般产 8~9 只，育成率较高。屠宰率 50%左右，肉质鲜嫩，皮板质量好，富有弹性，是做裘皮的好原料。

22. 我国培育的肉兔品种有哪些?

我国的肉兔品种非常丰富，常见的有中国白兔、喜马拉雅兔、黑优兔、安阳灰兔、哈尔滨大白兔、法比兔、虎皮黄兔等。那么它们分别有什么特性呢?

（1）中国白兔。其特性见前文。

（2）喜马拉雅兔。喜马拉雅兔品质优良，是我国较好的肉用地方品种。该兔体质强健，对食物不太挑剔，并且繁殖能力较强，被很多国家引入作为改良兔种。喜马拉雅兔被毛白色，但是耳鼻和四肢为黑色或灰色，其色泽会随季节、年龄等改变。这种兔子体重一般在 3 千克左右，窝产仔 8 只，但仍需提高其肉用价值。

（3）黑优兔。黑优兔因毛发乌黑发亮又被称为黑兔。黑优兔主要产于河南、河北和山西交界太行山一带。其体形中等，身上毛发粗短，体重在 3~4 千克，性情温顺，生长快速，繁殖能力强，对食物不太挑剔，窝产仔 8~9 只，是生产性能较高的一个兔种。但其遗传性不够稳定，常有杂色。

（4）哈尔滨大白兔。这种白兔是由多品种杂交选育而来的，其全身被毛白色，耳朵大，直立性好，体形大，发育好，繁殖率高，可窝产仔 8~10 只，生长速度快，易于养殖，成年兔体重可达 6~8 千克，是我国目前比较理想的品种。

（5）安阳灰兔。安阳灰兔也是我国经过精心选育交配出来的，这种灰兔毛色灰青，体格发育良好，繁殖能力强，可窝产仔 8~13只，生长速度快，成年兔的体重可达到 4~5 千克，且该兔适应能力强，对食物不挑剔。缺点是遗传性尚不稳定，繁育过程会出现杂毛。

（6）虎皮黄兔。虎皮黄兔主要产于河北一带，毛色深黄，头部夹杂黄黑色，腹部呈现灰白色，由于其耳边、尾尖、眼圈部位均有黑色线条出现，形似虎皮而得名。这种兔子头小耳小，身体发育良好，成年兔体重在3.5~4千克，窝产仔7~8只，抵抗能力较强，但是该兔早期生长偏慢。

23. 目前广泛使用的肉兔配套系有哪几个？

（1）伊拉兔。伊拉兔又称伊拉配套系肉兔。是法国欧洲兔业公司在20世纪70年代末培育成的杂交品种，由A、B、C、D四个系组成。它是由9个原始品种经不同杂交组合选育试验后培育出的，该品种一个最显著的特点是出肉率高，可达59%，是目前肉兔品种中最高的。其肉质鲜嫩，成年商品兔平均重达4.5千克。

1）外貌特征：A系、B系兔除耳、鼻、肢端和尾是黑色外，其他部位均为白色，C系、D系兔全身白色。眼睛粉红色，头宽圆而粗短，耳直立，臀部丰满，腰肋部肌肉发达，四肢粗壮有力。

2）生产指数折叠：A系成年公兔体重5.0千克，母兔4.7千克；B系成年公兔体重4.9千克，母兔4.3千克；C系成年公兔体重4.5千克，母兔4.3千克；D系成年公兔体重4.6千克，母兔4.5千克。平均每胎产活仔7~9只。A系公兔与B系母兔杂交生产父母代公兔（AB），C系公兔与D系母兔杂交生产父母代母兔（CD），父母代公母兔交配得到商品代兔（ABCD）。商品兔70日龄体重2.52千克。

3）习性：伊拉兔的一般温度要求为5~30℃，最适宜的温度为15~25℃，相对湿度要求是60%~70%，对光照的需要是每天14~16小时，冬季光照不足的情况下，可以在兔舍内安装一些灯泡进行人工补光。

4）饲养：种兔必须单笼饲养，商品兔每个笼里饲养5～6只，也不能过于拥挤，过于拥挤会影响其生长速度。伊拉兔属草食性动物，所以饲料以青饲料为主，精饲料为辅，但在冬春季节青饲料较为缺乏时，可以适当多喂些精饲料，主要是由豆粕、玉米、麸皮等混合而成的颗粒料，同时，还要多喂一些胡萝卜。

5）属性：伊拉兔属于中小型饲养品种，是一种严格的品种间杂交配套系，它的优点是杂交优势，但它不是一个品种。

（2）伊高乐配套系。伊高乐肉兔品种是法国欧洲伊高尔育种公司遗传育种专家经过多年努力精心培育而成的配套系肉兔品种。该品种由GPA、GPL、GPC、GPD四个不同的配套系组成，具有生长速度快、饲料转化率高、抗病力强、屠宰率高、繁殖性能强、产仔效率高等特点。35日龄断奶平均体重为1千克，70日龄出栏平均体重为2.5千克，母兔窝产活仔数10只，乳头5～6对，断奶成活率和生长出栏率均可达95%以上，料肉比为3∶1，屠宰率为59%，是世界上最优秀的肉兔配套系之一。

（3）伊普吕配套系。

1）外貌特征：体躯被毛为白色，耳、鼻端、四肢及尾部被毛为黑褐色，随年龄、季节及营养水平变化，有时可呈黑灰色，类似加利福尼亚兔，故也称“八点黑”兔。眼睛粉红色，耳较小。绒毛较密，体质结实，胸背和后躯发育良好，肌肉丰满，形象优美。

2）生产性能：①繁殖率高，平均年产仔8.7窝，每窝9.2只，成活率为95%；②生长速度快，77日龄体重可达3～3.1千克；③抗病力较强，适应性强，易饲养；④肉质鲜嫩，出肉率高达57.5%～60%，成年兔体重可达6千克以上。

24. 肉兔的选种方法有哪些?

肉兔的选种方法很多，目前生产中常用的有个体选择、家系选择和综合选择等。

（1）个体选择：主要根据肉兔本身的质量性状或数量性状在一个兔群内个体表型值差异，选择优秀个体，淘汰低劣个体。常用的有剔除法、最优法和总分法等三种。

1）剔除法：即对选择的每个性状都限定一个最低标准，只要有 1 个性状低于该标准即予以淘汰。

2）最优法：对兔群中的任何个体，只要有 1 个性状的表型值优于其他个体，则该个体即预留种。

3）总分法：对每个性状根据优劣进行评分，将几个性状累计，总分最高的个体即预留种。

（2）家系选择：主要根据系谱鉴定，同胞、半同胞测验或后裔测验来选择种兔。

1）系谱鉴定：系谱是记载种兔祖先情况的一种资料表格。系谱鉴定对正在生长发育的幼兔，特别是仔兔断奶后需要进行早期留种时尤为适用。根据遗传规律，对子代品质影响最大的是亲代（父、母），其次是祖代、曾祖代。祖先愈远，影响愈小。因此，应用系谱鉴定时，只要推算到二三代就够了。但在二三代内必须有正确而完善的生产记录，才能保证鉴定的正确性。

2）同胞、半同胞测验：采用同胞、半同胞测验法进行家系选择所需的时间短，效果好。因为兔的利用年限短，采用同胞、半同胞测验，在较短时间内就可得出结果，优秀种兔就可留种繁殖。这种方法能够缩短世代间隔，加速育种进程。同胞、半同胞测验常用于测验遗传力低的性状，如繁殖力、泌乳力和成活率等。凡遗传力愈低的性状，同胞、半同胞数愈多，则测定效果愈好。

3）后裔测验：这是通过对大量后代性能的评定来判断种兔遗传性能的一种选择方法，一般多用于公兔，因为公兔的后代数量、育种影响都大于母兔。具体做法是：选择一批外形、生产性能、系谱结构基本一致的母兔，饲养在相同的饲养管理条件下，每只公兔至少选配 10 ~ 20 只母兔，然后根据生长发育、饲料报酬、产肉性能、皮毛品质等性状进行综合评定。

（3）综合选择：根据育种实践，要选出各种经济性状都很优良的种兔，必须采用综合选择法。综合选择一般可分三个阶段进行。

第一次鉴定，可在仔兔断奶时进行，以系谱鉴定为主，结合个体鉴定，将断奶幼兔划分为生产群与育种群，对列入育种群的幼兔必须加强饲养管理和其他的培育措施。

第二次鉴定，一般在 3 ~ 6 月龄进行，以外貌鉴定为主，结合体重、体尺大小评定生长发育情况。在育种群中，凡有鉴定不合格者一律转入生产群。通过同胞、半同胞测验，选出育种群中特别优良的种兔组成核心群。

第三次鉴定，一般在繁殖 2 ~ 3 胎后进行，以后裔测验为主，根据本身的繁殖性能及后裔的生长速度、饲料报酬等进一步评定种兔的优劣情况，将品质特别优良的种兔保存在核心群中，有条件时可组成精选群。根据实践经验，选择后备种兔时，一定要从良种母兔所产的 3~5 胎幼兔中选留，开始选留的数量应比实际需要量多 1~2 倍，而后备公兔最好应达到 10：1 或 5：1 的选择强度。

25. 如何根据兔的体形外貌进行选种？

（1）优良种兔的标准。

1）“公兔好，好一坡”，公兔外貌应符合品种特征，体形大，体质强健，性情活泼，性欲旺盛，睾丸发育良好，均匀整齐，健康无病的兔。

2）母兔应有4对以上的乳头，发情明显，受胎率高，产仔数多，会哺乳，母性强，断奶成活率高，发育良好，体质结实，抗病力强。符合品种特征，健康无病，无生理缺陷，达标体重（3千克）以上。

（2）选种体形外貌要求。

1）符合品种特征，体重达到或超过品种标准，6月龄以上，公兔达3.5千克，母兔达3.0千克以上，生产性能符合标准要求。

2）骨骼粗壮结实，姿势正确，步态正常，举止灵活，头颈姿势端正；眼睛亮而有神，无眼屎等分泌物；耳大且表皮细嫩，血管明显，显示健康良好，耳道中无分泌物。

3）被毛浓密牢固而带有光泽，换毛部位符合要求。腹部、臀部被毛洁净整齐。全身皮肤柔软而富有弹性，无皮肤病或皮下脓肿，脚趾健康无病。

4）乳头4对以上，发育良好，分布均匀。胸廓开阔，背腰平直，臀部宽大浑圆，腹部丰满。

5）外生殖器正常，无炎性分泌物。公兔阴茎粉红色，包裹完好，睾丸大小适中，阴囊粉红而柔软，无炎性结痂。母兔外阴部封闭良好，粉红而柔软，无其他分泌物。

6）种公兔性欲旺盛，生长速度快，体形大，雄性特征明显，准胎率高，系谱中父母及同胞生产性能良好。种母兔繁殖力好，母性强，受胎率高，系谱中父母及同胞的产仔率不低于7~8只，哺育成活6只以上，每年产4~6胎，其繁殖性能不受影响，出生仔兔平均体重不低于50克。

26. 什么叫选配？

选配就是按照人们的生产目标，采用科学的方法，指定公、

母兔的交配。选配是有意识地组织后代兔的遗传基础，以达到培育和利用良种兔的目的。

肉兔的选种，即在生产繁殖过程中，选择生长发育快、生产性能高、遗传性能稳定的优良公、母兔作种用，淘汰不符合育种要求的公、母兔，并配合科学选配，使整个兔群的优良性状根据育种的要求巩固下来。选种的方法有个体选择法、家系选择法和多性状选择法。

种兔选出后，要把它的优良性能传递到后代，并逐代巩固下来，就要进行选配工作。选配就是有计划地选取种公兔与种母兔进行一定方式的交配，来繁殖具有亲代优良特性的后代。选配方式有同质选配、异质选配、年龄选配、亲缘选配、合级选配。在生产实践中，年龄选配不应忽视，如壮年公、母兔交配所生后代，生活力和生产力较强，遗传性能稳定。一般不采用老年公兔配老年母兔，青年公兔配青年母兔，或老年公兔配青年母兔，青年公兔配老年母兔；而应该用壮年公兔配壮年母兔或用壮年公兔配老年母兔或青年母兔，青年公兔配壮年母兔或老年公兔配壮年母兔。优秀的老龄公兔或准备作后裔测验的优秀青年公兔，应配壮年母兔。亲缘选配时应注意避免不恰当的近交，所以肉兔场应经常同外地外场进行公兔的交换，以便血缘的更新。品质选配和亲缘选配，在实践中也用得较多，应根据兔群改良的实际情况而定。

27. 肉兔生产为什么要选配?

一般来说，优良种兔所生的后代也是优良的，这是符合遗传学原理的，所谓的“娘壮儿肥”“好种出好苗”就是这个道理。在养兔生产中可以看到，良种兔所生的后代不一定都优良。这是因为，子代兔是否优良，不仅取决于种兔的遗传特性，还取决于公、母兔双方的生理状况和它们之间的亲和力。也就是说，取决于公、母兔配对组合是否恰当。如果公、母兔之间各自的优势互补，则子代表现优良。相反，若公、母兔的优势未得到互补，甚至优势被冲销，即缺乏亲和力，或亲和力不好，则子代表现就不会优良。因此，在进行选种的同时，还要进行选配。选种是选配的基础，选配则是选种的继续，是提高兔的繁殖性能和仔兔品质、发挥良种效应的重要手段，是获得更多良种兔和提高兔生产力的重要技术措施。

28. 有血缘关系的公、母兔之间能否配种？

有血缘关系的公、母兔之间的选配称为亲缘选配。一般把6代以内，有血缘关系的公、母兔之间的交配称为近亲交配，简称近交。

近交可以使某个（些）优良性状尽快固定下来，使用得当，可以加快选育的遗传进展，迅速扩大优良种兔群的数量，这是近交有利的一面。但是，近交也能增加隐形有害基因结合的机会，往往会出现近交衰退现象，引起生产性能下降。主要表现为产仔数减少、畸形和死胎增多，仔兔体质变弱，生长缓慢，适应性和抗病力降低，发病死亡率增高。因此，为了提高兔生产水平和养兔效益，在一般的生产场和专业户，应尽量避免近交，即有血缘关系的公、母兔之间不宜配对，尤其是全同胞、亲子之间或半同胞交配更应避免。但对于专业育种场而言，可以合理利用近交，加快选育的遗传进展。

29. 青年、壮年、老年兔之间怎样配对好？

年龄选配是兔选配的重要内容之一。所谓年龄选配，就是根据交配双方兔子的年龄而进行的选配。兔的繁殖性能及其繁殖效果与其年龄相关，一般认为，壮年时的种兔生育能力最强，老龄兔的种用性能随着年龄的增长而下降，青年兔一般缺乏交配经

验，尚未完全达到体成熟，身体各部位器官仍处于发育阶段，性细胞生活力不强。故青年公、母兔相互交配，配怀率较低，所产仔兔也较弱小，成活率不高。实践证明，壮年公、母兔交配所生的后代，生活力和生产性能表现最好。因此，在生产实践中，应尽量避免老年兔配老年兔、青年兔配青年兔、老年兔配青年兔；应该用壮年公兔配老年母兔或青年母兔，年龄过大的兔或未到初配年龄的青年兔应禁止配种繁殖。

30. 有相同或相反缺点的公、母兔能否配对?

有相同或相反缺点的公、母兔间绝对不能配对。如果这样配对，不仅不能克服缺陷，相反有可能使后代出现更加严重的缺陷。

例如，兔可能出现的一些缺陷，如凸背、凹背、四肢呈“X”形或“O”形等。如果企图进行所谓的“弥补选配”，用凸背公兔配凹背母兔，使缺陷得以弥补，生产平背仔兔，实际上这是不可能的。正确的做法是，应用背腰平直的公兔配稍呈凹背的母兔。

31. 杂种兔能不能留作种用?

不同品种或品系，即不同种群之间的个体选配称为杂交。杂交所生后代称为杂种。与之相对应，在同一个品种或品系内个体之间的选配称为纯繁，所生后代为纯种。

纯种兔留作种用理所当然，而杂种兔能否留作种用？通过大量研究和实践已证明，利用两个或两个以上各具优点的纯种兔，按照科学的方法开展杂交，可获得杂交优势明显的杂种兔，即生活力、适应性和抗病力增强，不同品种的优点在杂种兔身上得以表现，生长发育快，死亡率下降，生产性能大幅度提高等。所以，在肉兔的商品生产中，杂交应用越来越广泛，已成为全世界肉兔生产的共同趋势。但是，实践同样证明，杂交有的也会出现“杂交劣势”，即杂交后代强化了杂交亲本的某些缺点，这种劣势更多地出现在杂种兔间的杂交。所以，就一般的两品种或两品系间的简单杂交所生产的杂种兔不应留作种用，尤其是杂种公兔。但为了使商品兔能得到更多的亲辈的优良性状，获得更显著的杂种优势，亦可利用优良的杂种母兔和纯种公兔开展三品种杂交，甚至公、母兔均为杂种，即四个品种参加的复杂杂交。不过，这些都应先通过研究测定，再按生产性能的优劣，筛选出优良的组合用于大面积生产。

由此可见，不能简单回答杂种兔能否作种用。但可以肯定地讲，认为随意用两个或三个不同品种、品系杂交，便可获得杂种优势是不全面的。而在自己生产的杂种兔群中，一代接一代地选留公、母兔作种用是危险的。应用杂交生产商品兔，应在专业人员的指导下进行。

32. 如何预防近交衰退?

近交衰退是指有亲缘关系的亲本进行交配后，可使原本是杂交繁殖的生物增加纯合性，从而提高基因的稳定性，但往往伴同出现后代减少、后代弱小或后代不育的现象。近交衰退发生的原因是多方面的，从遗传学的角度解释主要有两点：

（1）有害的隐性基因的暴露。一般病态的突变基因绝大多数都是隐性的，所以处于杂合状态时不表现出病态或不利的性状。这些有害基因的作用可被显性的杂合子等位基因所掩盖，但经过一段时间的近亲繁殖，纯合的基因（纯合子）比例渐渐增多，于是有害的隐性基因相遇成为纯合子而显出作用，出现了不利的性状，对个体的生长发育、生活和生育等产生明显的不利影响。例如杂种动物所带有的不育的隐性基因往往被其显性的等位基因所掩盖，而不表达其不育的性状，但由于纯育，动物的纯合

性逐渐增高，不育的现象也就表现出来了。

（2）多基因平衡的破坏。个体的发育受多个基因共同作用的影响，虽然其中每个基因的作用效应微小。对环境适应较好的野生或杂交动物，由于自然选择的作用有利于保存那些生物适应能力较强的基因组合具有平衡的多基因系统，近交繁殖往往会破坏这个平衡，造成个体发育的不稳定。

33. 怎样确定种兔的利用年限？

优良品种的种兔能生产出更多的幼兔。种兔的可繁期为 4~5 年，而最佳利用年限为 1~2 年。在当今农村饲养条件下，7 月龄进入繁殖期，母兔 7~8 月龄、体重 3.5 千克以上，公兔 8~9 月龄、体重可达 3.5 千克。第一个繁殖年内生产力最强，以后逐年下降 15%~20%，一般利用年限 2~3 年为宜。

34. 肉兔性成熟是在什么时候？

初生仔兔生长发育到一定年龄，公兔睾丸能产生具有受精能力的精子，母兔卵巢能产生成熟的卵子，如果公、母兔交配即能受精妊娠和完成胚胎发育过程，则表明肉兔已达到性成熟。肉兔的性成熟年龄随品种、性别、饲养管理水平以及遗传因子等因素的差异而有区别。

（1）品种。一般小型品种性成熟年龄为 3~4 月龄，中型品种为 4 ~ 5 月龄，大型品种为 5 ~ 6 月龄。

（2）性别。一般母兔的性成熟早于公兔，通常同品种的母兔性成熟比公兔早 1 个月左右。

（3）营养。相同品种或品系，饲养条件优良、营养状况好的性成熟比营养差的要早半个月左右。

（4）季节。早春出生的仔兔，随着气温逐渐升高，日照变长，饲料丰富，其性成熟比晚秋和冬季出生的仔兔要早 1~2

个月。

35. 肉兔适宜初配月龄是多少？

公、母兔达到性成熟后，虽然已能配种繁殖，但因身体各器官仍处于发育阶段，过早配种繁殖不仅会影响公、母兔本身的生长发育，而且配种后受胎率低，产仔数少，仔兔初生体重小，成活率低。但是过晚配种亦会影响公、母兔的生殖功能和终身繁殖能力。

确定肉兔的初配年龄，主要根据体重和月龄来决定。在正常饲养管理条件下，公、母兔体重达到该品种标准体重70%时，即已达到体成熟，就可开始配种繁殖。一般认为，小型品种初配年龄为4~5月龄，体重2.5~3千克；中型品种5~6月龄，体重3.5~4千克；大型品种7~8月龄，体重4.5~6千克。因公兔性成熟年龄比母兔迟，所以公兔的初配年龄应比母兔迟1个月左右。

36. 母兔发情时有何表现？

母兔的发情活动受激素内分泌的调控，卵泡成熟过程中所产雌激素经血液循环作用于大脑活动中枢和生殖器官，出现一系列生理变化，引起性欲，出现发情。完全的发情包括精神状态、卵巢变化、生殖道变化等三方面的生理改变，一般持续2~4天。发情的主要表现为：

（1）精神状态：兴奋不安，不停地跑跳，前爪刨地、抓笼门，后脚顿足，啃咬笼具，频频排尿，食欲减退；发情盛期甚至完全拒食，爬跨仔兔和同笼母兔，放入公兔笼中甚至爬跨公兔，被公兔爬跨时表现静立，抬高臀部以迎合接受交配。

（2）卵巢变化：卵巢上有5~20个直径约1.5毫米的透明卵泡，处于成熟状态。雌激素分泌旺盛，血液中雌二醇的浓度达到

70纳克/毫升左右，比间期约高出20纳克/毫升以上。

（3）生殖道变化：生殖道黏膜湿润充血，外阴肿胀、潮红。发情初期，外阴黏膜呈粉红色，轻微肿胀；发情盛期为大红色，明显肿胀；发情末期为深红色，肿胀减轻。而处于间期的不发情兔，外阴黏膜为苍白色，显得干燥皱缩。

37. 母兔发情有何特点？

在一些特定情况下，母兔发情存在以下特点。

（1）发情周期不固定：一般为8~15天，持续3天左右。但母兔的发情周期容易受光照、营养等影响。为此，在鉴别母兔是否发情时不能只看周期。

（2）发情不完全：母兔完整的发情包括卵巢的变化、生殖道的变化、精神状态和交配欲望等三大变化。不少母兔缺乏三大变化中的某些方面，因此只要母兔有交配欲望就认为发情，即可配种。

（3）发情无季节性：只要创造良好的生活环境，母兔可以在任何季节发情，接受交配，妊娠产仔。

（4）产后发情：母兔分娩后第2天普遍发情，此时配种（也称为血配）受胎率最高。

（5）停乳发情：仔兔断奶后3天左右，母兔普遍发情，这时配种受胎率也很高。血配和停乳配种结合使用可提高母兔的繁殖力。

38. 如何计算幼兔、育成兔成活率？

（1）断奶成活率（%）=断奶仔兔数/产活仔兔数×100%。

（2）幼兔成活率（%）=13周龄幼兔成活数/断奶仔兔数×100%。

（3）育成兔成活率（%）=育成期末存活数/13周龄幼兔成

活数×100%。

（4）商品兔成活率（%）= 交付屠宰数/入舍幼兔数×100%。

39. 肉兔繁殖性能测定有哪些项目？

（1）受胎率（%）= 一个发情期配种的受胎数/参加配种的母兔数×100%。

（2）产仔数：指 1 只母兔的实际产仔兔数，包括死胎、畸形胎。

（3）产活仔兔数：指称测初生窝重时的活仔数，种母兔成绩按连续 3 胎平均数计算。

（4）泌乳力：用 3 周龄仔兔窝重来表示，包括寄养仔兔，初产母兔成绩按连续 3 胎的平均数计算，以克为单位，取整数。

40. 肉兔产肉性能测定有哪些指标？

（1）生长速度（克/天）= 统计期内兔增重/统计期饲养天数。

（2）饲料转化率 = 统计期内饲料消耗量/统计期内兔增重。

（3）屠宰率（%）= 胴体重/肉兔活重×100%。

41. 影响肉兔繁殖力的关键环节有哪几个？

影响肉兔繁殖力的因素有温度、营养和种兔年龄、公兔或母兔本身的健康状况等诸多方面。

（1）温度。环境温度对肉兔的繁殖性能影响比较明显。实践证明，外界气温超过 30 ℃ 时，即可使性欲减退；持续高温时，会使睾丸体积相对减少，产生精子能力减弱，畸形精子增加。低温对肉兔繁殖力也有一定影响，当环境温度低于 5 ℃ 时，公兔性欲减退，母兔不能正常发情，故我国北方寒冷地区，冬季多停止配种繁殖。

（2）营养。生产实践表明，对种兔进行高营养水平饲养，易引起公、母兔过肥，造成脂肪沉积，影响卵泡的发育和排卵，也会影响公兔睾丸中精子的生成。当然，营养水平过低或营养不全，对繁殖力也有明显影响，会导致性欲减退，受胎率下降，产仔数减少。

（3）种兔年龄。实践证明，肉兔的最佳繁殖年龄为 1 ~ 3 岁。1 岁之前，公、母兔虽已达到繁殖年龄，但尚未完全达到生理成熟，故受胎率较低，产仔数较少。3 岁之后，公、母兔已进入老年期，性欲减退，宜逐步淘汰更新。

（4）公兔因素。① 睾丸发育不全：两侧睾丸缺乏弹性、缩小、硬化，生殖上皮活性下降，从而影响精子的形成和品质。②单睾或隐睾：一侧或两侧睾丸缩回腹腔内，患有睾丸炎或附睾炎，往往使生殖上皮变性而影响正常精子的形成。③其他疾病：如密螺旋体病或脚皮炎，咬伤生殖器官等，均可引起局部炎症和疼痛，从而影响公兔的性欲与配种。

（5）母兔因素。① 卵巢或子宫发育不全：均会明显影响卵泡的发育和成熟，继而影响母兔的发情与配种。②卵巢囊肿：可引起内分泌功能失调而影响卵泡的成熟和排卵。③子宫肌瘤或输卵管炎：这类疾病均可导致母兔不孕。

42. 怎样提高种母兔繁殖力?

兔是多胎多产的草食小家畜，在家畜中繁殖力最强。种母兔的繁殖力，直接关系到生产水平的高低和经济效益的好坏。怎样才能提高种母兔的繁殖力呢？可从以下几个方面着手。

（1）加强选种工作。选择健康无病、性欲旺盛、母性好、生殖器官发育良好的母兔。留种仔兔最好从优良母兔的 3 ~ 5 胎中选留，乳头应在 4 对以上。产仔少、受胎率低、母性差、泌乳性能不好的母兔，不能用于配种繁殖。兔一般最适宜的繁殖年龄是1~3岁，3岁以上除个别优秀种兔外，其余不宜再作种用。

（2）加强饲养管理。选种之后必须注意配种前后的饲养管理，要供给全价日粮，满足种兔的营养需要，以减少胚胎死亡和流产，提高种兔繁殖力。长期饲喂单一饲料或缺乏某些营养物质，或营养过度导致种母兔过肥，都会降低其繁殖力。管理不当，不仅会明显降低种兔的繁殖力，甚至会引起严重的不育现象。日常管理中的突然声响，易引起兔群惊慌，可导致怀孕母兔流产或母兔性欲下降。

（3）注意适时配种。根据保温降温设施和当地气候条件，安排好配种季节与交配时间。比如，冬季繁殖必须提供较多的青绿饲料，做好防寒保暖工作，以保证母兔体质健壮，有条件的地方一般可繁殖1~2胎。在冬季和早春控制好兔舍内的温度，是兔正常繁殖的根本保证。实践表明，一般兔舍温度控制在10 ℃以上，适宜温度为15~25 ℃，以春秋两季母兔的受胎率最高，产仔数最多。最佳的配种时间是发情的中后期，此时母兔阴户湿润、肿大，多呈潮红色，交配容易怀孕。过早、过晚配种效果都不理想。配种当天也有一个适时问题，夏季早、晚配种较好，冬季则中午配种为宜。因为这些时间气温相对适宜，兔子精神较佳。

（4）改进配种方法。母兔属刺激性排卵动物，是经公兔交配刺激后排卵的，所以应在第一次配种后间隔8~10小时再复配一次，即重复配种。第一次交配的目的是刺激母兔排卵，第二次交配的目的是正式受孕，这样可提高母兔受胎率和产仔数。8：00和17：00左右配种为最佳时间。一只母兔连续与两只公兔交配，中间相隔时间不超过20~30分钟，这叫作双重配种。采用重复配种或双重配种，可使母兔受胎率提高10%~20%，产仔数增加1~3只。另外，对久不发情或拒配的母兔，可采用诱情法，即增加与公兔的接触次数，通过追逐、爬跨刺激，诱发母兔

性激素分泌，提高受胎的机会。

（5）提高繁殖强度。饲养管理条件较好，母兔非常健壮时，可通过频密繁殖或半频密繁殖来提高繁殖强度，生产更多的商品肉兔，以提高经济效益。这是全世界肉兔饲养者的探讨热点。频密繁殖因配种时间距分娩产仔时间较短，故俗称“血配”。国外试验母兔在产后1.5~2天配种，当仔兔28天断奶后3天就又生下一窝。不过一般以为，对商品兔可以实行密集繁殖，对种用兔则不宜产仔过密。半频密繁殖是指母兔在产后12~15天配种，可使繁殖间隔缩短8~10天，每年可增加繁殖3~4胎。

（6）防止疾病发生。母兔的繁殖力易受疾病的影响，应加强兔舍内卫生防疫措施，以杜绝感冒、螨病、巴氏杆菌病等疾病的发生。做到勤打扫兔舍、勤观察兔群，发生疾病后，马上隔离治疗病兔。

三、肉兔高效生产环境控制技术

43. 肉兔规模场场址选择应注意哪些问题？

选择兔场场址，既要考虑兔的生产特点，又要考虑建场地点的自然条件和社会条件。

（1）地势。兔场应选在地势高、有适当坡度、背风向阳、地下水位低、排水良好的地方。场址的地下水位应在2米以下。地势过低容易造成潮湿环境，地势过高则容易造成过冷环境，均有损长毛兔健康。低洼潮湿、排水不良的场地不利于兔体热调节，而有利于病原微生物的生长繁殖，特别是适合寄生虫（如蜡虫、球虫等）的生存。为便于排水，兔场地面要平坦或稍有坡度（以1%~3%为宜）。

（2）地形。地形要开阔、整齐、紧凑，不宜过于狭长或边角过多，以便缩短道路和管线长度，提高场地的有效利用，节约资金和便于管理。可利用天然地形、地物（如林带、山岭、河川等）作为天然屏障和场界。

（3）土质。理想的土质为沙壤土，其兼具沙土和黏土的优点，透气透水性好，雨后不会泥泞，易于保持适当的干燥。其导热性差，土壤温度稳定，既利于兔子的健康，又利于兔舍的建造和延长使用寿命。

（4）水源。兔场水源应充足，水质良好，符合饮用水标准。

平均每兔每天用水量为 0. 25～0. 35 升。水源以自来水、泉水比较理想，其次是井水、流动江水，禁用死塘水和被工业及生活污水污染的江、河、湖水。总的要求是水量足，不含过多的杂质、细菌和寄生虫，不含腐败有毒物质，矿物质含量不应过多或不足，还要便于保护和取用。最理想的水为地下水。

（5）交通。兔场场址应选择在环境安静、交通方便的地方，距离村镇不少于 500 米，离交通干线不少于 300 米，距一般道路不少于 100 米。大型兔场建成投产后，物流量比较大，如草料等物资的运进，兔产品和粪肥的运出等，对外联系也比一般兔场多，若交通不便则会增加生产开支。

（6）兔场朝向。兔场朝向应以日照和当地的主导风向为依据，使兔舍长轴对准夏季主导风。我国大部分地区夏季盛行东南风，冬季多东北风或西北风。所以，兔舍朝向以南向较为适宜，这样冬季可获得较多的日照，夏季则能避免过多的日射。

（7）环境。兔场的周围环境主要包括居民区、交通、电力和其他养殖场等。兔生产过程中形成的有害气体及排泄物会对大气和地下水产生污染，因此兔场不宜建在人烟密集的繁华地带，而应选择相对隔离的偏僻地方，有天然屏障（如河塘、山坡等）作隔离则更好。大型兔场应建在居民区 500 米外的下风头，地势低于居民区，但应避开生活污水的排放口。远离造成污染的环境，如化工厂、屠宰场、制革厂、造纸厂、牲口市场等，并处于它们的平行风向或上风头。兔子胆小怕惊，因此兔场应远离噪声源，如铁路、石场、打靶场等，特别是有爆破声的场所。集约化兔场对电力条件有很强的依赖性，应靠近输电线路，同时应自备电源。但为了防疫，应距主要道路 300 米以上（如设隔离墙或有天然屏障，距离可缩短一些），距一般道路 100 米以上。兔场不应成为周围环境的污染源，同时也不能受到周围环境的污染。因此，兔场应建在居民点的下风向而又离开居民点的排污口。

44. 兔场建筑物应如何规划?

兔场布局应从人和兔的保健角度出发，建立最佳的生产联系和卫生防疫条件，合理安排不同区域的建筑物，特别是在地势和风向上进行合理的安排和布局。一个大型兔场，应具备完善的建筑群，按其功能和特点不同，可分为生产区、生产辅助区、管理区、生活区、隔离区等。

(1) 生产区。生产区即养兔区，是兔场的主要建筑，包括种兔舍、繁殖舍、育成舍、育肥舍和幼兔舍等。生产区是兔场的核心部分，其排列方向应面对该地区的长年风向。为了防止生产区的气味影响生活区，生产区应与生活区并列排列并处偏下风向的位置。优良种兔舍（即核心群）应置于环境最佳的位置，育肥舍和幼兔舍应靠近兔场一侧的出口处，以便于出售。生产区入口处以及各兔舍的门口处，应有相应的消毒设施，如车辆消毒池、脚踏消毒池、喷雾消毒室、紫外线灯消毒室等。生产区的运料路线与运粪路线不能交叉。

(2) 生产辅助区。生产辅助区主要包括饲料加工车间、饲料库（原料库和成品库）、维修车间、尸体处理处、粪场、变电室、兽医诊断室、病兔隔离室、供水设施等，应单独成区，与生产区隔开，但为了缩短管线和道路长度，应与生产区保持较短的距离。由于饲料加工有粉尘污染，兽医诊断室、病兔隔离室经常接触病原体，因此，生产辅助区必须设在生产区、管理区和生活区的下风，以保证整个兔场的安全。

(3) 管理区。管理区是办公和接待来往人员的地方，通常由办公室、接待室、陈列室和培训室组成。其位置应尽可能靠近大门口，使对外交流更加方便，也减少对生产区的直接干扰。

(4) 生活区。生活区主要包括职工宿舍、食堂和文化娱乐场所。为了防疫应与生产区分开，并在两者入口连接处设置消毒

设施。生活区应占全场的上风向和地势较好的地段。至于各个区域内的具体布局，则本着利于生产和防疫、方便工作及管理的原则，合理安排。

（5）隔离区。兔场规模较大时，尤其是集约化兔场可设专门的兽医隔离区，包括兽医诊疗室、病兔隔离室、粪污水处理设施等。隔离区应建在兔场下风向方位、地势较低的地方，并与兔舍保持300米以上的卫生间距。该区应尽可能与外界隔绝，四周应有隔离屏障，如防疫沟、围墙、栅栏，并设单独的通道和出入口，防止病原影响全场。此外，在规划时还应考虑严格控制该区的污水和废弃物，防止疫病蔓延和污染环境。

各区的位置要从人兔卫生防疫和工作方便的角度考虑，根据场地地势和当地全年主风向，合理安排各区（图3.1）。

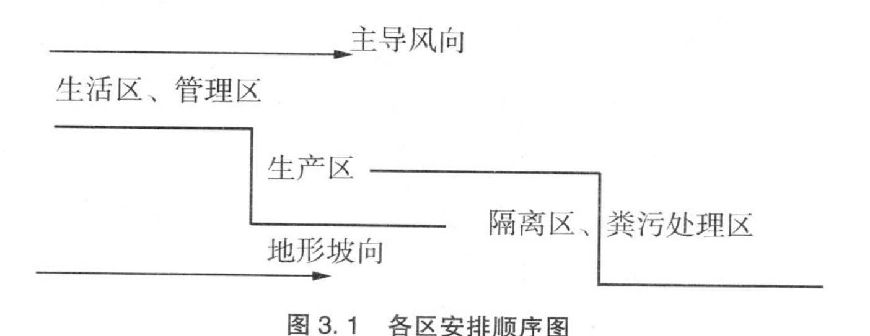

图3.1 各区安排顺序图

45. 设计兔舍时要考虑哪些因素？

（1）兔舍设计要有利于提高劳动生产效率。兔舍既是兔的生活环境，又是饲养人员对兔日常管理和操作的工作环境。兔舍设计不合理，一方面会加大饲养人员的劳动强度，另一方面也会影响饲养人员的工作情绪，最终会影响劳动生产效率。因此，兔舍设计与建筑要便于饲养人员的日常管理和操作。这一点非常重要，举例来说，假如将多层式兔笼设计得过高或层数过多，对饲养人员来说，顶层操作肯定比较困难，既费时间，又给日常观察兔群状况带来不方便，势必影响工作效率和质量。

（2）应符合兔的生物学特性，有利于温度、湿度、光照、通风换气等的控制，有利于卫生防疫和便于管理。兔舍窗户的采光面积为地面面积的15%，阳光的入射角度不低于25°~30°。兔舍门要求结实、保温、防兽害，门的大小以方便饲料车和清粪车的进出为宜。兔舍形式、结构、内部布置必须符合不同类型和不同用途的兔的饲养管理和卫生防疫要求，也必须与不同的地理条件相适应。

（3）兔舍的各部分建筑应符合建筑学的一般要求。比如，建筑材料，特别是兔笼材料要坚固耐用，防止被兔啃咬损坏；兔舍内要设置排水系统；排粪沟要有一定坡度，以便在打扫时能将粪尿顺利排出舍外，通往蓄粪池，也便于尿液随时排到舍外，降低舍内湿度和有害气体浓度；地板要坚固致密，平坦不滑，抗机械能力强，耐腐蚀，易清扫，保温防寒，生产中以水泥地面最多，要求地面高出舍外地平面20~30厘米。

（4）兔胆小怕惊，抗兽害能力差，怕热，怕潮湿。因此，在建筑上要有相应的防雨、防潮、防暑降温、防兽害及防严寒等措施。

（5）为了防疫和消毒，兔场、兔舍入口处应设置消毒池或消毒盘，并且要方便更换消毒液。

46. 如何安排兔舍的排列方式？

兔舍通常应设计为东西成排、南北成列，尽量做到整齐、紧凑、美观。生产区内兔舍的布置，应根据场地形状、兔舍的数量和长度，酌情布置为单列、双列或多列（图3.2）。

要尽量避免横向狭长或竖向狭长的布局，因为狭长形布局势必加大饲料、粪污运输的距离，使管理和生产联系不便，也加大

各种管线距离，增加投资。如果场地条件允许，生产区应采取方形或近似方形的布局。

图 3.2　某兔场兔舍排列图

47. 在整个场区内，如何安排兔舍的位置？

确定每栋兔舍和每种设施的位置时，主要根据它们之间的功能联系和卫生防疫要求加以考虑。

在安排其位置时，应将相互有关、密切联系的兔舍和设施就近设置，便于生产联系。

考虑卫生防疫要求时，应根据场地地势和当地全年主风向布置各种兔舍。

地势与主风向相一致时较易设置，但若二者正好相反时，则可利用与主风向垂直的对角线上两“安全角”来安置防疫要求较高的兔舍。例如，主风向为西北风而地势南高北低时，则场地的西南角和东北角均为安全角。

48. 怎样设计兔舍的朝向?

兔舍的朝向关系到舍内的采光和通风状况。我国大陆多处于北纬 20°~50°，太阳高度角冬季小、夏季大，夏季盛行东南风，冬季盛行西北风。因此，兔舍宜采取坐北向南或坐西北向东南这样的朝向，冬季可增加射入舍内的直射阳光，有利于提高舍温，夏季可减少舍内的直射阳光，防止强烈的太阳辐射影响兔的生长。同时，这样的朝向也有利于减少冬季冷风渗入和增加夏季舍内通风量。兔舍朝向可根据当地的地形条件和气候特点，采取南偏东或偏西 15°以内配置。

49. 设计兔舍时，如何分配好兔舍的间距?

相邻两栋兔舍纵墙之间的距离称为间距。根据日照确定兔舍间距时，应使南排兔舍在冬季不遮挡北排兔舍日照，一般可按一年内太阳高度角最小的冬至日计算，而且应保证冬至日上午 9 时至下午 3 时这 6 小时内使兔舍南墙满日照，这就要求间距不小于南排兔舍的阴影长度，而阴影长度与兔舍高度和太阳高度角有关。经计算，南向兔舍当南排舍高为 h 时，要满足北排兔舍的上述日照要求，在北纬 40°地区，兔舍间距约需 2.5h，北纬 47°地区则需 3.7h。可见，在我国大部分地区，间距保持檐高的 3~4 倍，可满足冬至日日照需求。

根据通风要求确定舍间距时，根据自然通风原理，风在障碍物的阻挡下，将向上升，越过障碍物再回到原来的自然状态进行流动，应使下风向的兔舍不处于相邻上风向兔舍的涡风区内，这样既不影响下风向兔舍的通风，又可使兔子免遭上风向兔舍排出的污浊空气的污染，有利于卫生防疫。据实验，当风向垂直于兔舍纵墙时，涡风区最大，约为其檐高 h 的 5 倍，当风向不垂直于纵墙时，涡风区缩小。可见，兔舍间距取檐高的 3~5 倍合适。

防火间距取决于兔舍的材料、结构和使用特点，可参见我国建筑防火规范。兔舍建筑一般为砖墙、混凝土屋顶或木质屋顶并做吊顶，耐火等级为二级或三级，防火间距为6~8米。

综合以上要求，兔舍间距不小于兔舍檐高的3~5倍时，可基本满足日照、通风、排污、防疫、防火等要求。

50. 兔舍建造的基本形式有哪些？

（1）室内封闭式兔舍。兔舍上部有顶，四周有墙，前后有窗，是工厂化养殖最为广泛的一种兔舍类型，可分为单列式和双列式。①单列式兔笼列于兔舍内的北面，笼门朝南，兔笼与南墙之间为工作走道，兔笼与北墙之间为清粪道，南北墙距地面20厘米处留对应的通风孔。这种兔舍的优点是冬暖夏凉，通风良好，光线充足，缺点是兔舍利用率低。②双列式两列兔笼背靠背排列在兔舍中间，两列兔笼之间为清粪沟，靠近南北墙各有一条工作走道。南北墙有采光通风窗，接近地面处留有通风孔。这种兔舍，室内温度易于控制，通风透光良好，但朝北的一列兔笼光照、保暖条件较差。由于空间利用率高，饲养密度大，在冬季门窗紧闭时有害气体浓度也较高。

（2）地下或半地下式兔舍。利用地下温度较高而稳定、安静等特点，在地下建造兔舍。尤其适于高寒地区兔的冬繁。应选择在地势高燥、背风向阳处建舍，管理中注意通风换气和保持干燥。

（3）室外笼舍。在室外修建的兔舍，由于建在室外，通风透光好，干燥卫生，兔的呼吸道疾病发病率明显低于室内饲养。但这种兔舍受自然环境影响大，温湿度难以控制。特别是遇到不良气候，管理很不方便。常分为室外单列式兔舍和室外双列式兔舍。

1）室外单列式兔舍兔笼正面朝南，兔舍采用砖混结构，为单坡式屋顶，前高后低，屋檐前长后短，屋顶采用水泥预制板或波形石棉瓦，兔笼后壁用砖砌成，并留有出粪口，承粪板为水泥预制板。为了适应露天条件，兔舍地基宜高些，兔舍前后最好要有树木遮阳。

2）室外双列式为两排兔笼面对面而列，两列兔笼的后壁就是兔舍的两面墙体，两列兔笼之间为工作走道，粪沟在兔舍的两面外侧，屋顶为双坡式（“人”字顶）或钟楼式。兔笼结构与室外单列式兔舍基本相同。与室外单列式兔舍相比，这种兔舍保暖性能较好，饲养人员可在室内操作，但缺少光照。

（4）塑料棚舍。是在室外的笼舍上部架一塑料大棚，塑料膜为单层或双层，双层膜之间有缓冲层，保温效果好。这种兔舍适于寒冷地区或其他地区冬季繁殖。

51. 规模化养兔需要哪些喂料设备？

（1）食槽：兔用食槽有很多种类型，有简易食槽，也有自动食槽。因制作材料的不同，又有竹制食槽、陶制食槽、水泥食槽、铁皮食槽、塑料食槽。工厂化养兔多用自动食槽。自动食槽容量较大，安置在兔笼前壁上，适合盛放颗粒饲料，从笼外添加饲料，喂料省时省力，饲料不容易被污染，浪费也少。自动食槽用镀锌铁皮制作或用工程塑料模压成型，兼有喂料及贮料的功能，加料一次，够兔子几天采食。食槽由加料口、采食口两部分组成，多悬挂于笼门外侧，笼外加料，笼内采食。食槽底部均匀地分布着小圆孔，以防颗粒饲料中的粉尘被吸入兔子的呼吸道而引起咳嗽和鼻炎（图 3.3）。

图 3.3 食槽

（2）槽架：为盛放粗饲料、青草和多汁饲料的饲具，是家庭兔场必备的工具。为防止饲草被兔子踩踏污染，节省饲草，一般采用槽架喂草。笼养兔的槽架一般固定在兔笼前门上，亦呈“V”形，槽架内侧间隙为4厘米，外侧为2厘米，可用金属丝、木条和竹片制作。

52. 如何根据生产需要选择饮水设备？

工厂化养兔多采用乳头式自动饮水器。这种饮水器采用不锈钢或铜制作，由外壳、伸出体外的阀杆、装在阀杆上的弹簧和阀杆乳胶管等组成。饮水器与饮水器之间用乳胶管及三通相串联，进水管一端接水箱，另一端封闭。平时阀杆在弹簧的弹力下与密封圈紧密接触，水不能流出。当兔子口部触动阀杆时，阀杆回缩并推动弹簧，使阀杆与密封圈产生间隙，水通过间隙流出，兔子便可饮到清洁的饮水。当兔子停止触动阀杆时，阀杆在弹簧的弹力下恢复原状，水停止外流。这种饮水器使用时比较卫生，可节省喂水的工时，但需要定期清洁饮水器乳头，以防结垢而漏水（图3.4）。

图3.4 饮水设备

53. 肉兔养殖还需要哪些饲养设备？

（1）产仔箱。产仔箱又称巢箱，供母兔筑巢产仔，也是3周龄前仔兔的主要生活场所。通常在母兔接近分娩时放入笼内或挂在笼外（图3.5）。产仔箱有多种，工厂化养殖主要采用以下几种。

图 3.5　产仔箱

1）悬挂式产箱：产箱悬挂于笼门上，在笼门和产箱的对应处留一个供母兔出入的孔。产箱的上部最好设置一活动的盖，平时关闭，使产箱内部光线暗淡，适应母兔和仔兔的习性。打开上盖，可观察和管理仔兔。由于产箱悬挂于笼外，不占用兔笼的有效面积，不影响母兔的活动，管理也很方便（图 3.6）。

图 3.6　母仔笼

2）平放式产箱：用 1 厘米厚的木板钉制，上口水平，箱底

可钻一些小孔，以利排尿、透气。产仔箱不宜做得太高，以便母兔跳进跳出。产仔箱上口四周必须制作光滑，不能有毛刺，以免损伤母兔乳房，引起乳腺炎。

3）月牙状缺口产仔箱：高度要高于平口产仔箱，产仔箱一侧上部留一个月牙状的缺口，以供母兔出入。

（2）喂料车。喂料车用来装料喂兔。一般用角铁制成框架，用镀锌铁皮制成箱体，在框架底部前后安装 4 个车轮，其中前面 2 个为万向轮。

（3）运输笼。运输笼仅用于种兔或商品兔的运输，一般不配置草架、食槽、饮水器等。要求制作材料轻，装卸方便，结构紧凑，笼内可分若干小格，以分开放兔，但要坚固耐用，透气性好，大小规格一致，可重叠放置，有承粪装置（防止途中尿液外溢），适于各种方法消毒。有竹制运输笼、柳条运输笼、金属运输笼、纤维板运输笼、塑料运输箱等。金属运输笼底部有金属承粪托盘，塑料运输箱是用模具一次压制而成，四周留有透气孔，笼内可放置笼底板，笼底板下面铺垫锯末屑，以吸尿液。

（4）降温设备。主要采用湿帘降温。湿帘降温系统工作时，水均匀地将降温湿帘淋湿，从而保证与空气接触的湿帘表面完全湿透。风机使得高温干燥的空气强制通过湿帘，与湿帘表面的水分进行热交换，使得外界高温干燥的空气变成凉爽湿润的空气进入工作区（图 3.7）。

图 3.7　湿帘系统

54. 设计兔笼要注意哪些事项？

（1）兔笼的设计要求：兔笼的设计应符合兔的生物学特性，耐啃咬、耐腐蚀；结构合理，易清扫、易消毒、易维修、易更换，大小适中；管理方便，劳动效率高；选材经济，质轻而坚固耐用。

（2）兔笼的结构：一个完整的兔笼由笼体及附属设备组成。笼体由笼门、笼壁、笼底网和承粪板组成。

1）笼门：应安装于笼前，要求启闭方便，能防兽害、防啃咬。可用竹片、打眼铁皮、镀锌冷拔钢丝等制成。一般以右侧安转轴，向右侧开门为宜。为提高工效，草架、食槽、饮水器等均可挂在笼门上，以增加笼内实用面积，减少开门次数。

2）笼壁：一般用水泥板或砖、石等砌成，也可用竹片或金属网钉成，要求笼壁坚固防啃，保持平滑，以免损伤兔体和钩脱兔毛。如用砖砌或水泥预制件，需预留承粪板和笼底板的间隔3厘米；如用竹木栅条或金属网条，则以条宽1.5~3.0厘米，间距1.5~2.0厘米为宜。

3）承粪板：功能是承接兔排出的粪尿，以防污染下面的兔及笼具。通常承粪板选用石棉瓦、油毡纸、水泥板、玻璃钢、石板等材料制作，要求表面平滑，耐腐蚀，质量轻。承粪板安装应呈前高后低式倾斜，并且后边要超出下面兔笼8~15厘米，以便粪便顺利流出而不污染下面的笼具。

4）笼底网：一般用镀锌冷拔钢丝制成，要求平而不滑，坚而不硬，易清理，耐腐蚀，能够及时排出粪便，宜设计成活动式，以利清洗、消毒或维修。网孔直径要求断乳后的幼兔笼为1.0~1.1厘米，成年兔为1.2~1.3厘米。

（3）笼层高度：目前国内常用的多层兔笼，上下笼体完全重叠，层间设承粪板，一般为2~3层（图3.8）。该种形式的笼

具兔舍的利用率高，但重叠层数不宜过多。兔舍的通风和光照不良，也给管理带来不便。最底层兔笼的离地高度应在 25 厘米以上，以利通风、防潮，使底层兔亦有较好的生活环境。

图 3.8　双层兔笼

55. 为什么饲养肉兔要特别重视环境条件?

兔子是喜清洁爱干燥的动物，其体质比较弱，抗病力差，对病原菌的免疫力和对恶劣环境的耐受力及适应性差，要求一个稳定和舒适的环境条件，特别是卫生条件。卫生主要包括兔舍内的空气卫生、笼具卫生、兔体卫生、饲料卫生、饮水卫生、用具卫生和饲养人员自身的卫生等。

兔笼、兔舍必须坚持每天打扫，及时清除粪便，洗刷饲具，勤换垫草，定期消毒。经常保持兔舍清洁、干燥，使病原微生物无法滋生繁殖，这是增强兔的体质、预防疾病必不可少的措施，也是饲养管理上一项日常的管理程序。

兔舍内空气中有害气体含量要符合卫生标准，人进入兔舍后没有刺鼻、刺眼和不舒服的感觉。兔舍经常进行通风换气，保持

空气清新。在雨季，特别是南方，因空气湿度大，是各种疾病的高发期，更应注意兔舍通风和保持干燥。兔舍内除勤打扫外，一般不用水冲洗地面，垫草要勤更换，保持巢箱内的干燥。

饲养人员要搞好自身卫生，工作服要及时清洗消毒，接触或处理过病兔后，手、鞋帽、衣服等一定要严格消毒处理后再使用，否则极易传播病菌。

56. 肉兔生长的适宜温度是多少？

温度过高、过低均会影响兔的生长发育、生产性能和饲料报酬。一般肉兔能够适应比较宽的温度范围，5~30 ℃内肉兔都能维持正常的生产性能，但这是肉兔的临界温度，超出这个温度，肉兔的新陈代谢就要受到影响。肉兔生长适宜温度：初生仔兔为30~32 ℃，1~4 周龄兔为 20~30 ℃，6~8 周龄兔为 18~21 ℃，生长兔为 15~25 ℃，成年兔为 15~20 ℃。

57. 肉兔生长的适宜湿度是多少？

肉兔具有喜干厌湿的生活习性，所以兔舍内的湿度对肉兔具有重要影响。兔舍内相对湿度以 60%~65%为宜，一般不应低于55%或高于 70%。

58. 肉兔舍的光照时间如何控制？

兔是一种弱光照动物，对光照的要求不高；相反，光照强度过大还会对肉兔造成恶性刺激。一般兔舍光照强度控制在 15~25 勒克斯。繁殖母兔的光照强度可稍强，达到 25~35 勒克斯。

普通兔舍多依靠自然供光，应该在靠近门窗的地方提供光照，一般不需要人工补充光照，但是不要让阳光直接照在兔体上。仔兔和幼兔一般需要光照较少，每天 8~10 小时的弱光即可。较暗的环境有利于育肥，一般对育肥兔进行每天 8 小时的弱

光照射。公兔不需要太多的光照，过多会降低公兔的繁殖能力，一般 8~10 小时即可，最长不宜超过 12 小时，持续光照超过 16 小时，会影响精子的质量和数量。

59. 如何组织管理好兔场？

（1）办兔场前要在技术上和经济上进行可行性调查。以办一个规模为 5 000 只肉兔的兔场为例，分析 5 000 只肉兔收入和支出详细项目。计算方法按中等管理水平及一般条件保证情况下，有盈利就可以办。

（2）办兔场要有明确决策，包括经营方向、生产规模、饲养方式及兔场建设，既符合要求又节约开支。

（3）确定生产规模，兔场可一次规划，最大存栏多少只，第一期饲养多少，第二期饲养多少，公、母兔搭配比例要合理。

（4）养兔场和其他行业要联系好，有计划地供应饲料、兽药及各种用具。

（5）养兔场投产之后要制订全年生产计划及各兔群的生产计划和措施，由全体职工经过讨论之后实施。

全年生产计划是兔场在全年生产活动中争取实现的产品，包括全场每年生产兔毛多少千克，其中优级所占比例多少，全场育成种兔多少，全场兔成活率达到多少，各成本多少，成本应包括哪几方面开支。以上收入和支出要实事求是参照老兔场每年生产总结提出。

兔群生产计划，明确每人承包多少兔，每人每年生产成本、收入要按“五定一包”计划。五定包括定饲养数量、定饲料用量、定产品质量和数量、定成本、定产值，一包即利润包干。由承包者与兔场签订合同，做到心中有数。

（6）饲料计划。饲料是养兔的基础，饲料占成本的 60% 以上，饲料搭配是否合理，直接影响兔的生长和兔毛质量。Chapin

(1965) 给生长期兔饲以商品颗粒饲料 (0.48 厘米×0.63 厘米) 和以同一成分组成的磨碎饲料进行比较，还比较了商品粉状饲料与同一成分的颗粒饲料，在上述两种试验中，兔的生长速度及饲料效率明显地以颗粒料为佳。Lebas (1973) 也观察到颗粒饲料能改善生长。饲料全价化要根据养兔经验，参照国外资料，如根据美国兔的营养需要 (NRC) 制定兔场的饲料标准，并按月制订饲料供应计划，饲料还应包括各种饲料添加剂。

(7) 制定兔群各阶段的管理操作规程，做到仔兔、中兔、种兔管理方法不同，春、夏、秋、冬的管理方法不同。

四、肉兔高效生产繁殖技术

60. 制订种兔繁殖计划要遵循哪些原则?

(1) 要根据市场需求的特点，把分娩的时间拉开，每天都要保证一部分商品兔供应，每天都要保证有仔兔出生。

(2) 要尽量减少母兔空怀的时间。母兔有计划地休养生息是非常必要的，但是不能盲目地浪费其生产的时间，因为母兔长时间的空怀，不仅浪费大量的日粮，而且严重地影响种兔的繁殖性能。有的母体变胖、生殖系统退化，有的性激素分泌失调，要调整过来，需要相当长的时间。

(3) 要安排好夏季的休养期。特别是天气最热的三伏天，如果不是市场需求特别紧，尽量安排母兔休息，或避开这段时间分娩。这段时间对种兔要实行特别护理，控制兔舍温度，多喂多汁饲料，饮绿豆水，确保种兔安全度夏。

61. 公兔的生殖器官包括哪些? 各有何功能?

公兔的生殖器官主要包括睾丸、附睾、输精管、副性腺、阴茎和阴囊。

(1) 睾丸：公兔有左右两个睾丸，呈卵圆形，是产生精子和分泌雄激素的主要性器官。睾丸的位置和大小随年龄而异，幼兔的睾丸位于腹腔内，大约 2.5 月龄显出阴囊，一般 3 月龄后公兔的睾丸通过腹股沟管下移至阴囊内。由于兔的腹股沟管宽而短，终生不封闭，睾丸可自由地下降到阴囊或缩回到腹腔。因此，在检查公兔睾丸发育状况时，不要把睾丸暂时缩回腹腔而误认为是隐睾，应抓住公兔的头颈向上提起，沿腹股沟管处轻轻向下挤压，可以使睾丸降入阴囊，再进一步确认该公兔是否有隐睾、睾丸不对称、小睾、单睾或睾丸硬化等繁殖缺陷，凡有其一者，都不宜留作种用。

（2）附睾：是精子成熟和排出的管道系统，也是暂时贮藏精子的场所。兔的附睾很发达，附着在睾丸一侧，分成头、体、尾三部分。精子在睾丸内产生后，在通过睾丸的过程中逐渐成熟，变成能够活动的精子。附睾头位于睾丸前端，附睾尾的末端连接输精管。

（3）输精管：是附睾尾末端延伸的部分。输精管的肌肉层较厚，交配时收缩力较强，能将精子从附睾尾压送到尿生殖道内。

（4）副性腺：包括精囊与精囊腺、前列腺、旁前列腺和尿道球腺。射精时，副性腺的分泌物混合在一起称为精清，与附睾尾排出的浓密精子共同组成精液。

副性腺的作用主要是分泌具有丰富营养物质和保护作用的液体，可冲洗尿生殖道内残留的尿液，缓冲不良环境对精子的危害，是精子的天然稀释液。交配后，副性腺分泌物还可在母兔体内形成阴道栓，以防止精液外流。

（5）阴茎：是公兔的交配和排尿器官。主要由海绵体构成，为圆柱状，前端游离部稍有弯曲，无明显的膨大龟头。静止状态时阴茎缩在包皮内，交配时阴茎勃起伸出包皮外。

（6）阴囊：公兔有一对阴囊，位于腹部后方。主要功能为保护睾丸和附睾，并能调节睾丸的温度，以保证睾丸能正常产生精子。

62. 母兔的生殖器官包括哪些？各有何功能？

母兔的生殖器官主要包括卵巢、输卵管、子宫、阴道和外生殖器。

（1）卵巢：是产生卵子和雌性激素的地方。左右各一，为卵圆形，淡粉色，位于肾脏后侧的体壁上。卵巢分泌的雌性激素有雌激素和黄体酮。雌激素有刺激母兔引起发情的作用，黄体酮是维持母兔妊娠所必需的激素。

（2）输卵管：输卵管是精子获能和受精的部位，也是早期胚胎发育的场所。输卵管前端呈喇叭状，称为“伞”，几乎覆盖卵巢，承接卵巢中排出的卵子，另一端连接子宫。

（3）子宫：是胚胎生长发育的场所，也是为胚胎提供营养的器官。母兔有两个互不相连的子宫，各有一个子宫颈，独立开口于同一个阴道内。

（4）阴道：是母兔的交配器官，也是胎儿娩出的产道和尿液排出的通道。

（5）外生殖器：或称外阴部。包括阴门、阴唇、阴蒂三部分，阴道末端的开口处叫阴门，阴门两侧突起形成阴唇。在左右阴唇前联合处有一个小突起叫阴蒂。阴唇黏膜的色泽与发情状况有关，常用来判断母兔的发情状态。

63. 怎样做好种公兔的培育和选择？

（1）对种公兔要严格选种。繁殖性能是可以遗传的，选作种用的公兔应来自优良亲本的后代。其祖代及父母代有优良的繁育史，在同窝的仔兔中生长得最快、最好，体质最健壮，性欲也最旺盛，生产性能高，这样的种公兔是兔场高产的基础和保障。俗话说“母好好一窝，公好好一坡”，可见，种公兔在繁育中的重要性。

（2）对选中的种公兔要精心培育。决定留种的公兔，它的亲代虽然都很优良，本身也发育正常，但是，如果不精心培育，其优良性状仍得不到充分发挥。因此，对决定留种的公兔要精心制订培育计划，从它的幼年、青年、成年不同阶段都要有计划地进行体能、性能的锻炼，采取不同的饲养管理措施，使其健康成长发育。

（3）科学饲养是提高种公兔配种能力的一个重要条件。要根据公兔不同时期的营养需要配给营养充足的全价日粮。另外，从小要加强种兔的体能锻炼，每天必须在室外运动1~2小时。到70日龄左右，要有意识地让公兔与母兔接触，促进种公兔性功能的发育。种公兔到了初配年龄，要适时进行配种，过早或过迟都会影响繁殖功能的发育，降低配种能力。在配种期前20天，应加强营养，豆饼等蛋白质饲料应占精料的18%以上，同时，提供一定量的胡萝卜、大麦芽等品质优良的多汁青绿饲料。但在饲养过程中一定不要让兔自由采食，防止兔贪吃，兔体过于肥胖。在种公兔的饲料中还应注意补充锌、硒、碘、钙等矿物质。

64. 母兔子宫有哪些特异性？

兔与其他家畜不同，它有两个互不相连的子宫，各自开口于阴道。这使母兔有时会出现双重孕现象，即第一批胎儿产出后，隔数小时，甚至几天后又产出第二批胎儿，这是两次受孕，胎儿各在一侧子宫发育的结果。

65. 配种工作的关键环节有哪些？

搞好配种工作，主要是抓好选好种兔，加强配种前公、母兔的饲养管理和适时配种三件事。

（1）选好种兔。种用公、母兔要体质健壮，体形大、生长快、产毛量高、繁殖高和抗病力强；被毛浓密，绒毛多，且富有光泽和弹性。公兔要睾丸匀称，无隐睾或单睾，雄性强，性欲旺

盛，配种性能好。母兔要产仔多，母性强，奶头 4 对以上，泌乳能力强，会哺育仔兔。一般母兔在 7~8 月龄，体重 2.5~3 千克；公兔 8~9 月龄，体重 3~3.5 千克，适宜于作种兔用。公兔超过 3 岁，母兔超过 3~4 岁，不宜继续留作种用。

（2）加强种兔饲养管理。一般说来，寒冬的饲料比较单调，嫩绿饲草缺乏，兔子的体质有所下降，影响受胎率。因此，配种前，应对成年公、母兔进行一次健康检查，有病的应隔离治疗，治愈后再行配种。配种前应加强营养，不要过肥或过瘦，公兔可添一些鱼粉、黄豆（粉）、麸皮、玉米、米糠和蛋壳粉（或骨粉）等，每只每日 5~100 克；母兔可增喂白菜、发芽小麦和骨粉等饲料，每只每日 100 克左右。笼养的种公、母兔，在配种前 10 天，应每天适当放牧运动 2 小时左右，以增强体质。

（3）适时配种。母兔一般隔 8~15 天发情一次，每次持续 3~5天。母兔发情时举动活跃，吃食减少，后肢踏笼底板。在发情期内，母兔阴道黏膜色泽亦有变化，白色为未发情，红色为发情正旺，紫色为发情开始消退。一般以红肿稍紫（即发情旺盛末期）为最佳配种时期。即所谓“粉红早，黑紫迟，老红正当时”。为了提高母兔受胎率和产仔率，可在配种后 6~9 小时内再重复配种一次，也可用同品种两只公兔各配一次。配种时宜把母兔放到公兔笼内，不宜把公兔放到母兔笼内，以免环境变化，分散公兔的注意力，影响交配。当公兔交配发出“咕咕”的叫声，表示交配已经结束，此时可在母兔臀部上轻拍一下，使母兔后体紧缩，有利于受胎。

66. 公、母兔配种前要做哪些准备工作?

要想获得理想的配种效果，必须做好以下准备工作：

（1）公、母兔的健康检查。配种前应对公、母兔的健康状况进行严格检查，发现体质瘦弱、性欲不强、患有疾病的，一律不准参加配种。

（2）编制配种计划。配种前应根据选种选配的要求，编制好配种计划，防止近亲交配，有计划地使用好良种公兔。

（3）搞好清洁卫生。配种前必须清除兔笼内的粪便、污物，搞好清洁卫生工作，特别是公兔笼舍，最好进行一次彻底消毒。

（4）检修好笼舍。配种前应检修好笼舍，特别是笼底板，以防止配种时发生外伤等事故。公兔笼内的食盆、水槽等最好在配种前移至笼外。

（5）注意配种环境。配种时应将母兔放入公兔笼内，切勿将公兔放入母兔笼内，以利于公兔集中精力完成配种任务，提高受胎率。

（6）安排配种时间。配种时间，春秋两季最好安排在上午8~10时，夏季利用清晨和傍晚，冬季选在比较暖和的中午，喂料前后1小时不宜配种。

（7）调整饲养管理。对过瘦的兔要加强营养，过肥的应减少精料喂量，对参加配种的公、母兔应加喂优质青绿饲料，以提高配种受胎率。

（8）定期检查精液品质。对种公兔必须定期进行精液品质检查，及时淘汰生产性能低、精液品质不良（精子密度过低、畸形率高等）的公兔。

（9）做好配种记录。配种前应准备好各种登记表格，及时做好配种、产仔等的记录工作。

67. 肉兔有哪几种配种方法？

肉兔的配种方法有自然配种、人工辅助配种和人工授精三种。

（1）自然配种：公、母兔混养在一起，任其交配，称为自然配种。自然配种的优点是配种及时、方法简便、节省人力。但缺点是

容易发生早配、早孕，公兔追逐母兔次数多，体力消耗过大，配种次数过多，容易造成早衰，而且容易发生近亲交配，无法进行选种选配，容易传播疾病等。在实际生产中，不宜采用此法配种。

（2）人工辅助配种：是将公、母兔分群、分笼饲养，在母兔发情时，将母兔捉入公兔笼内配种。与自然配种相比，其优点是能有计划地进行选种选配，避免近亲交配，能合理安排公兔的配种次数，延长种兔的使用年限，能有效防止疾病传播。在目前生产中，宜采用这种方法配种。

具体操作步骤如下：将经检查适宜配种的母兔捉入公兔笼内，公兔即爬跨母兔，若母兔正处发情盛期，则略逃几步，随即伏卧任公兔爬跨，并抬尾迎合公兔。当公兔阴茎插入母兔阴道时，公兔后躯蜷缩，紧贴于母兔后躯上，并发出“咕咕”叫声，随即由母兔身上滑倒，顿足，并无意再爬，表示配种完成。此时可把母兔捉出，将其臀部提高，在后躯部用手轻轻拍击，以防精液倒流。然后将母兔捉回原笼，做好配种记录工作。

如果母兔发情不接受配种，但又应该配种时，可以采取强制辅助配种。配种员用一只手抓住母兔耳朵和颈部皮肤固定母兔，另一只手伸向母兔腹下，举起臀部，以食指和中指固定尾巴，露出阴门，让公兔爬跨。或者用一细绳拴住母兔尾巴，沿背颈线拉向头的前方，一只手抓住细绳和兔的颈皮，另一只手从母兔腹下稍稍托起臀部固定，帮助其抬尾迎接公兔交配。

（3）人工授精：是人工采取公兔的精液，经品质检查、稀释后，再输入到母兔生殖道内，使其受胎。其优点在于能充分利用优良种公兔，提高兔群质量，迅速推广良种，还可减少种公兔的饲养量，降低饲养成本，减少疾病传播，克服某些繁殖障碍，如公、母兔体形差异过大等，便于集约化生产管理。但需要有熟练的操作技术和必要的设备等。

68. 如何把握种兔群的公、母比例？

如果是尚未开展人工授精，公、母兔比例以 1∶6 到 1∶8 最为适宜，以种公兔能承担所有配种任务，满足本场配种计划略有储备为宜。如果掌握了人工授精技术，公、母兔比例可以缩减至 1∶50 或 1∶100。总之，要从本场的效益出发，以能最大限度地发挥本场优势，获得最佳经济效益为原则。这个比例可以在实践中逐步进行调整。

69. 如何调整种母兔年龄结构的比例？

种母兔的年龄结构是保证兔场能否高产、稳产的关键。种母兔的年龄必须按月拉开，逐步使本场种母兔的年龄结构达到青、壮、老年兔的比例为 10∶80∶10，即两头小中间大。老年兔到时必须淘汰，青年兔少时必须补充，要始终保持高产群体在 80%左右，这样才会保证高产、稳产。

70. 为什么要推广人工授精技术？

兔人工授精技术是兔繁殖、品种改良工作中最经济最科学的方法。它是采用人工采精，对精液品质进行鉴定，再用稀释液稀释后，通过人工输入到发情母兔生殖道内，代替自然交配。其优点是能充分利用优秀公兔，加快遗传进展，短时间内提高兔群质量，迅速推广良种；减少公兔饲养量，降低公兔饲养成本；降低繁殖性疾病的传播机会；节约人工，便于集中管理。开展人工授精的兔场要做到四同，即同期发情，同期配种，同期产仔，同期出栏，从而达到四省，即省料，省人，省时，省钱。开展人工授精能将原本的公、母兔比例从 1∶（4~8）降到 1∶（80~120），大量节省公兔所使用的笼位、饲料、饲养人工，同期催情大量节省检查时间，省时省工，最终的结果就是节省成本，800 只母兔

以上的兔场，效果更加明显。

71. 如何进行种公兔的采精操作？

（1）采精公兔选择。用于采精的公兔要符合以下条件：①后裔测定成绩优秀，且符合本场兔群的育种、改良计划。②档案健全，系谱清晰，避免近亲繁育。③无特定遗传疾病或其他疾病。④严格选育，繁殖和生产性能高。

（2）采精器。常用的采精器主要是假阴道。假阴道可以自行制作，也可以在市场上购置。假阴道的构造和安装：①假阴道的构造。假阴道由外壳、内胎和集精管等组成。其中，外壳一般用硬质塑料管、硬质橡胶管，外筒长 8~10 厘米，内径 3~4 厘米；内胎可用医用引流管代替，长度 14~16 厘米；集精管可用指形管、刻度离心管，也可用羊用集精杯代替。②假阴道的安装和用前准备。在外壳上钻一个 0.7 厘米左右的孔，用于安装活塞。内胎长度由假阴道长度而定。集精管可用小试管或者抗生素小玻璃瓶。将安装好的假阴道用 75%酒精彻底消毒，等酒精挥发完以后，通过活塞注入少量 50~55 ℃的热水，并将其调整到 40 ℃左右。接着，在内胎的内壁上涂少量白凡士林或液状石蜡起润滑作用。最后，注入空气，调节压力，使假阴道内胎呈三角形或四角形，即可用来采精（图 4.1）。

图 4.1　采精器

（3）采精操作步骤。采精者左手抓住母兔耳朵和颈部皮肤，右手握采精器伸向母兔的后腹部两后肢间，准备好后将公兔放入使其爬跨母兔，把母兔臀部托起，模仿交配母兔姿势。当公兔臀部频频抽动时，采精者将采精器从母兔后肢间伸出，接触公兔阴茎，公兔的性反射中枢受到刺激立即引起性反应而射出精液。当公兔射精后尖叫一声倒在笼里时，采精者将采精器立即竖起，防止精液倒流。每次采精 1 毫升左右。将精液倒入集精瓶，准备检查精液品质。

72. 怎样进行精液品质检查？

（1）检查时间：采精后应立即进行精液品质检查。

（2）检查目的：一是判断所采精液能否用来输精，二是确定精液稀释倍数。

（3）检查方法、项目与结果判断：分眼观或鼻闻和借助仪器检查两种方法，检查方法、项目及结果判断详见表 4.1。

表 4.1　精液品质鉴定项目、方法及结果判断

项目	方法	正常	合格精液	不合格精液
颜色	眼观	乳白色、混浊、不透明	云雾状翻动表示活力强	精液色黄可能混有尿液，色红可能混有血液
气味	鼻闻	有腥味	有腥味	有臭味
pH 值	光电比色计或精密试纸	接近中性	pH 值为 7.5~8.0	pH 值过大，表示公兔生殖道可能患有某种疾病，其精液不能使用

续表

项目	方法	正常	合格精液	不合格精液
精子活力	显微镜下观察、测定	精子活力越高表明精液品质越好	精子活力≥0.6	精子活力<0.6
精子密度	显微镜下观察、测定	正常公兔精液每毫升含精子2亿~3亿	中等密度以上	低密度
精子形态	显微镜下观察	正常精子具有圆形或椭圆形头部和一个细长的尾部	正常精子比例高于80%	畸形精子比例高于20%
射精量	刻度吸管	正常公兔一次射精量为0.5~2.5毫升		

(4) 精子活力及其测定：是鉴定精液品质的最主要指标之一。精子活力是指呈直线运动的精子占所有精子总量的百分比。精子活力测定借助显微镜，观察视野里呈直线运动的精子和精子总数。经验丰富者，在生产实践中，多通过经验判断，精子活力越高，表明精液品质越好。

(5) 精子密度及其测定：精子密度也称精液浓度，指单位体积（一般多用每毫升）精液中所含精子数量。一般情况下，正常公兔精液每毫升含精子2亿~3亿。

精子密度越大，说明精液浓度越高，精液品质越好。活力高、密度大的精液，在显微镜观察视野中呈波浪式、旋涡状运动。精子密度低于中级的，一般不作为人工授精输精用。

73. 如何进行精液稀释？

经过检查可以使用的精液要进行稀释，精液稀释的目的是扩大精液的量和延长精子的寿命，便于保存和运输。稀释液种类比较多，常用的有0.9%生理盐水或5%葡萄糖溶液，这些稀释液经过消毒降温后也可加入少量抗生素使用。使用稀释液温度应在35 ℃左右，稀释倍数为1∶5~1∶8，保持每毫升稀释精液中有1 000万活力旺盛的精子即可。兔常用精液稀释液及其配制方法见表4.2。

表4.2　兔常用精液稀释液及其配制方法

稀释液种类	配制方法
0.9%生理盐水	直接使用注射用生理盐水
5%葡萄糖稀释液	无水葡萄糖5克，加蒸馏水至100毫升，或直接使用5%葡萄糖液
11%蔗糖稀释液	蔗糖11克，加蒸馏水至100毫升
枸橼酸钠葡萄糖稀释液	枸橼酸钠0.38克，无水葡萄糖4.45克，卵黄1~3毫升，青霉素、链霉素各10万国际单位，加蒸馏水至100毫升
蔗糖卵黄稀释液	蔗糖11克，卵黄1~3毫升，青霉素、链霉素各10万国际单位，加蒸馏水至100毫升
葡萄糖卵黄稀释液	无水葡萄糖7.5克，卵黄1~3毫升，青霉素、链霉素各10万国际单位，加蒸馏水至100毫升
蔗乳糖稀释液	蔗糖、乳糖各5克，加蒸馏水至100毫升

74. 母兔输精有哪些操作要点？

兔用输精器可以自制，用注射器插一根8~10厘米的细胶管；也可用吸（滴）管尖部套一段8~10厘米的细胶管（图4.2、图4.3）。

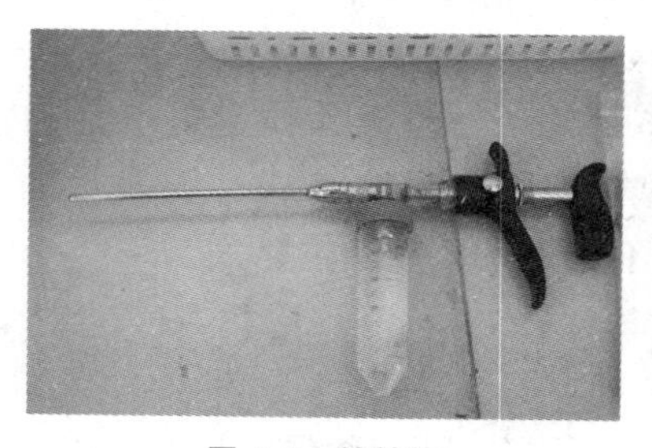

图4.2　输精枪

图4.3　胶管

输精时用注射器式吸（滴）管吸取稀释后的精液，将胶皮管插入母兔阴道6~7厘米，然后慢慢输入精液0.5~0.8毫升。而后用手轻捏外阴部，加速阴道的收缩，避免精液倒流，将母兔放置地上，轻拍两下母兔臀部也可加速阴道的收缩。

兔的人工授精应着重掌握什么时候输和怎样输两个要点。

兔属于交配刺激排卵的动物。母兔在发情期间，只有经过公兔交配刺激后，卵巢中的卵才会在10~12小时排出来，若不进行交配刺激，卵巢中的卵便会在体内自行萎缩，退化吸收。因此，在输精前必须注射性激素促其卵巢排卵，即肌内注射促排3号5微克，6小时后输精，或静脉注射人绒毛膜促性腺激素500国际单位后立即输精。

（1）输精器的准备。5毫升注射器和1根150毫米的女用导尿管，消毒处理后放在无菌盒中待用。

输精前用注射器吸取2~3毫升精液稀释液，套上输精管冲洗1~2次，然后将待输的精液吸入注射器中。这里有一个重要的操作环节请注意，为了防止精液在输精管中滞留，可在注射器抽取精液之前先吸入1毫升的空气，输精时连同空气一同推入阴道内，这样输精管内的精液可全部推入阴道。

（2）输精操作前先将母兔保定好，外阴用0.9%生理盐水或5%葡萄糖冲洗液擦洗干净。然后将母兔臀部抬高，输精者左手分开阴唇，右手持输精管缓缓插入阴道。当插入7~8厘米时（兔阴道长度一般为8~12厘米）将胶管来回抽动数次，刺激母兔，然后将精液注入。输完后，将母兔臀部拍几下，让母兔阴道收缩，防止精液倒流。输精后要让母兔安静休息。

（3）注意事项：

第一，在整个输精过程中一定要严格消毒，无菌操作，防止出现感染。

第二，在整个输精过程，要保证输精器具内没有对精子有害的药物及液体，保证精液温度和输入过程尽量模仿生物自然交配过程，手法要轻，操作要干净利落。

第三，输精的部位一定要准确无误。母兔的膀胱在阴道内5~6厘米处的下方，插入输精管时，极易插入尿道中。因此，在插管时要沿阴道壁的背侧面插入6~7厘米深处，越过尿道口以后再往里插1~2厘米，如没有尿液流出证明已插入子宫，这时再输入精液。

第四，输精完毕后，器具要及时清洗，消毒，防止液体在里边黏结，影响下次使用。

第五，输精完后及时进行登记、备案。

75. 如何保存精液？

精液经过稀释处理后，可以在恒温中保存。如果现采现用，精液保存在30℃左右的环境中即可。若存放4~8小时，可保存在15~20℃的环境中。若需长时间保存则须先缓慢降温，再放入冰箱（或冷藏杯等其他代用物）保存在0~5℃的环境中，使用时再缓慢升温。据实验，只要保存得当，精子生存时间可达200小时以上。

人工授精是一项需要经过长时间实践摸索才能熟练掌握的技术，必须有一个反复熟练的过程。

76. 肉兔的选种指标是什么？

选择种兔以3~4月龄的青年兔为宜。目前市场所售种兔，多数是公、母兔年龄相仿。根据兔的选配效果看，购种时最好是让公兔比母兔大2~3个月，母兔以青年兔为好，公兔以壮年兔为好。种兔要品种纯正、健康。要向场家索要出售种兔的系谱资料，详查系谱，从优秀祖先的后代中挑选有明显本品种特征的个体，种公兔要来自不同的血统。还要向场家了解所购种兔的防疫

注射情况，以便引回后合理做好防疫工作。注意，在注射疫苗后1周之内不能启运，以免产生应激反应，影响兔的健康。

要细查种兔的健康状况，重点要做好以下检查：

（1）前查七窍，后看两孔。口、鼻、眼、耳、肛门及外阴部干净无污物为好，若有污秽不洁物黏附，多为不健康的征兆。

（2）近看腹下，远看举动。查看腹部，母兔乳头数应在8个以上，低于8个不宜作种用。公兔睾丸要匀称、富有弹性，单睾或隐睾者不宜作种用。阴部要干净、红润，无水肿、溃疡。离兔2~3米远查看兔的运动状态是否正常，再抱起兔离地30厘米高处放下，看其着地时是否稳健。如查出有“O”形或“八”字形腿、腰折及后肢瘫的不能作种用。

（3）上摸一条线，下查四肢点。用手触摸背脊部，若触之如算盘珠样，有挡手的感觉，为营养不良过瘦的表现，如摸到“双脊”即两条肉线，为过肥的表现，过瘦过肥均不宜作种用。触摸时应能感觉到一条脊线，却又不挡手为宜，要求脊背平直、无凸出或凹陷，肌肉丰满，后观背部呈弧形，后躯丰满发达。四脚毛应浓密，无癣及脓肿，幼兔爪短而直，并隐于脚毛中。毛兔、皮兔还要侧重查皮肤和被毛，种用兔应皮肤结实致密、有弹性，被毛浓密、有光泽，并符合本品种特征。检查毛密度的方法是，在兔的背部或某一侧部，逆毛方向吹开一个毛旋，观察中心部露出皮肤面积的大小，以看到的皮肤面积不超过4毫米^2（大头针针头大小）为最好；不超过8毫米^2（火柴头大小）为良好；不超过12毫米^2（3个大头针针头大小）为基本合格；如超过12毫米^{2}则不宜作种用。

77. 引种前要注意哪些细节？

（1）引种选购。新办养兔场在选购种兔时，除注重挑选品种特征明显突出、毛密、毛色纯正、毛质好、发育正常、营养良好者外，还要求在体重上达到2.0千克以上，且体质健壮的。切忌选年老、体弱和幼年兔，因为这些兔在运输中的应激反应较大，不利于运输后达到较高的成活率，造成办场引种的失败。所以，在选购种兔时就应考虑饲养的成功率，不能单纯追求低价格。

（2）引种时间。以春秋季引种为宜，冬夏季不宜。因为炎热或寒冷的刺激，易导致兔患病甚至死亡，尤其夏季易引起大批应激死亡。另外要注意：由寒冷地区引种到温热地区时，春秋季均可，而由温热地区引种到寒冷地区时，以秋季最为适宜。

（3）确定引种的数量。一是兔群总数，兔养殖少了效益低，多了风险会随之增大。因此，引种数量应当由饲养者的技术水平来确定，初养者宜少不宜多。一般农村养殖户以2~10组（10~30只）为宜，最多不要超过50只；大型兔场以50~100组（200~400只）为宜，待积累了一定经验后再逐步扩群发展。二是引种时公、母兔的比例要合理。目前市场销售的种兔公、母比例多以1∶2或1∶3为一组，最多的是1∶4，而实际需要以1∶5最为适宜。若群体规模超过100只并进行人工辅助交配的，还可再适度降低公、母兔比例至1∶8，以减少浪费。三是如果大量引种时，应采取多点少引的原则。一次引种超过200只以上时，最好在2~3个兔场引种，这样一可确保质量，二可丰富血缘，避免近交。

（4）慎重选择引种单位。先了解兔场情况，考察兔场种兔的品种纯度、来源、生产性能、疫情及价格等情况，多考察几个供种单位，然后选择管理科学、养兔技术好、有一定规模（至少存栏600只以上）、信誉高、售后服务好，且有县级以上人民政府畜牧行政主管部门批准的“种畜生产经营许可证”的专业种兔场引种。切不可到自由市场去随意购买所谓的种兔。

78. 种兔运输时应注意什么？

搞好种兔的运输工作要注意：公、母兔应分开运，运输笼以铁笼为好，笼高以互相不能爬跨为度，笼内应留有 1/4 的活动余地。运输笼必须要结实，通风良好，笼底要设置防震的垫物，上、下层之间最好用防透水物隔开，以免粪便污染。运输时间以 24 小时内运到为宜，装运前喂饱、吃好、饮足水，中途可不喂。长时间运输，中途可喂点胡萝卜、熟窝窝头、干草等，切忌喂得过饱。途中休息时，要检查兔群，发现异常及时处理。注意装笼前一定要全面进行健康检查和检疫，确认无病时，向当地兽医部门领取检疫、运输证明方可起运。

79. 刚引入的种兔在饲养时要注意些什么？

种兔运回后，新养兔户可直接将其安置到准备好的兔笼中。若原来有兔，运回后一定要先隔离饲养 0.5~1 个月，确认健康无病，方可混群。

（1）先饮水后开食。种兔运到后，要及时分散，单笼管理，休息 1 小时后，再饮淡盐水或 0.01%的高锰酸钾水。为尽快恢复体力，可在水中加些葡萄糖。饮水 1 小时后即可开食，为防暴饮暴食造成消化不良，先喂正常喂量 1/2 的饲料，3 天后逐渐增至正常喂量，同时饲料中要加少量的干酵母、磺胺二甲嘧啶、氯苯胍等药物。

（2）逐渐更换饲料。为降低应激反应，引种后的 1 周内应喂原兔场饲料或按原兔场配方配料，1 周后逐渐改换成本场饲料。

80. 母兔的繁殖特性有哪些？

（1）双侧子宫型。母兔的两侧子宫无子宫角和子宫体之分，两侧子宫各有一个子宫颈开口于阴道，属于双子宫类型。因此，不像其他家畜那样，受精卵可以从一个子宫角向另一个子宫角移动。

（2）刺激性排卵。只有在和公兔交配，或相互爬跨，或注射激素后才发生排卵，这种现象称为刺激性排卵或诱导排卵。

（3）假妊娠。母兔排卵后未受精，而黄体尚未消失，就会出现假妊娠现象。假孕可延续16~17天。因此，饲养管理上应注意三个方面问题：养好种公兔，采用重复配种或双重配种；繁殖母兔单笼饲养，防治母兔相互爬跨刺激；发现假孕现象可注射前列腺素促进黄体消失，若生殖系统有炎症应及时对症治疗。

（4）营巢分娩。母兔具有营巢分娩行为，母兔在妊娠后分娩前2~3天开始衔草做窝，并将胸部毛拉下铺在窝内，这种行为持续到临产，大量拉毛则出现在临产前3~5小时。

（5）极强的繁殖能力。兔常年发情，母兔的妊娠期为29~31天，性成熟在4月龄左右，年产4~6胎，高者8~11胎，胎产仔一般6~8只，高者达15只以上，因此，兔具有很强的繁殖能力。

81. 公兔的繁殖特性有哪些？

（1）睾丸位置变化不定。公兔一生中睾丸的位置经常变化，初生仔兔的睾丸位于腹腔，附着于腹壁。1~2月龄下降至腹股沟管内，此时睾丸尚小，从外部不易摸出，表面也未形成睾丸。2.5月龄以上的公兔已有明显的睾丸。睾丸降入阴囊的时间一般在3.5月龄，成年公兔的睾丸基本上在阴囊内。成年公兔的腹股沟管宽而短，终生不闭合，睾丸可以自由地缩回腹腔或腹股沟管内，或下降到阴囊里，因此会经常发现有的公兔阴囊内偶尔不见睾丸，轻轻拍打臀部后，睾丸就会下降到阴囊里。在选种时，不要把睾丸暂时缩回腹腔误认为是隐睾。

（2）“夏季不育”现象。大多数公兔具有“夏季不育”现

象，尤其是德系安哥拉兔。当外界温度超过 30 ℃时，公兔食欲下降，性欲减退，射精量减少。持续高温时，可使睾丸产生的精子减少，死精子和畸形精子比例增高，甚至不产生精子。

82. 母兔不孕有哪些原因?

母兔不孕的影响因素很多，主要有以下几点：

(1) 营养。营养不足或缺乏某些营养成分，都会使公、母兔的生殖功能降低，精子和卵子质量变差。相反，营养水平过高，也容易造成公、母兔过肥，影响卵泡发育和排卵；公兔精液品质下降，性欲减退。

(2) 生殖器官疾病：如公兔隐睾或单睾，配种不能使母兔受孕或受胎率低。因为隐睾或单睾公兔不能产生精子或精子稀少。而母兔卵巢炎、子宫内膜炎等，也会引起不孕现象。

(3) 年龄：种兔的繁殖高峰年龄为 1~2 岁。2.5 岁以后，繁殖性能逐渐下降，卵巢功能减退，往往使母兔妊娠困难。

(4) 温度：环境温度对兔的繁殖性能影响较为明显。气温高于 30 ℃或低于 5 ℃，都会使性活动能力降低。特别是持续高温，公兔精液品质下降，出现“夏季不育”现象。而高温后精液品质的恢复需 2 个月左右的时间，因为精子的发生、发育到成熟排出，需要 1 个半月左右的时间，这就是秋季天气凉爽后配种受胎率仍然低的主要原因。

83. 何时配种最易受胎?

母兔在交配刺激后 10~12 小时即可排出卵子，兔卵子保持受精能力的时间为 6 小时；精子保持活力的时间为 30 小时，而精子借助输卵管分泌物的获能作用需 6 小时，也就是精子进入输卵管部 6 小时后，才具备与卵子结合的能力。母兔外阴部呈大红色或淡紫红色并且充血肿胀时应配种，人工输精的最适时机在排卵刺激后 2~8 小时。

对于发情的母兔，配种应在饲喂后 1~2 小时进行，一般应在清晨、傍晚或夜间进行。母兔产后配种时间根据产仔多少、母兔膘情、饲料营养、气候条件等而定，对于产仔少、体况良好的母兔，可采用产后配种，一般在产后 6~12 小时进行，受胎率较高；产仔较少者，也可采用产后第 14~16 天进行配种，哺乳期间采用母仔分离，让仔兔两次吃奶时间间隔超过 24 小时，这时配种发情率和受胎率较高；产仔数正常者，可采用断奶后配种，一般在断奶当天或第 2 天进行配种。

84. 如何进行肉兔的妊娠检查？

母兔配种后是否妊娠，通常可用复配、摸胎、称重法进行检查。

（1）复配法：一般在第一次配种后 5~7 天，将母兔送入公兔笼中，若母兔已经妊娠，就会发出警惕性的“咕咕”叫声，或卧地掩盖臀部，拒绝配种。

（2）称重法：一般母兔在配种前称重 1 次，配种后 15 天左右复称 1 次，如果复称体重明显增加，表明母兔已经受孕。两次称重均应在早晨喂料前、空腹时进行。

（3）摸胎法：母兔配种 10~12 天后，胎儿约花生米大小，位于腹部两侧，隔着腹壁即可摸到。摸胎时，术者左手抓住母兔双耳和颈部皮肤，右手做“八”字形，自前向后沿腹壁轻轻探摸，如果感觉柔软如棉，表明没有妊娠；如能摸到花生米粒大小能滑动的球状物，证明已经妊娠。摸胎时要注意胎儿与粪球的区别，粪球多为扁圆形，没有弹性，表面较粗糙，在腹腔分布面积较大，无一定的位置。胎儿位置则比较固定，用手轻压表面，光滑而富有弹性。

85. 怎样预防母兔流产？

母兔怀孕后，要保证饲料营养的供给，不能喂霉烂变质、冰冻或打过农药的饲料，否则易引起胎儿发育不正常，造成母兔流产。

在管理上要保持环境安静，防止粗暴操作使母兔受惊吓。尤其是在母兔怀孕 14～25 天中，为流产敏感期，不能长途运输，禁止接种疫苗和进行药浴防治兔病。

老龄母兔、病兔和近亲兔不宜配种繁殖。因这类兔不能保证胎儿正常发育，易导致死胎和畸形出现，同样会引起母兔流产。

86. 怎样给肉兔催情？

对长期不发情或处于乏情期的母兔，可采用人工催情的方法促使母兔发情，接受配种。这里介绍几种人工催情的方法。

（1）性诱催情。将长期不发情或拒绝交配的母兔放在公兔笼里，通过公兔追逐、爬跨后，仍将母兔放回原笼，经 3～4 次后可诱发母兔发情。一般早上催情，傍晚配种。

（2）按摩催情。一只手轻轻提起母兔尾巴，一只手快速拍击母兔阴部，使母兔产生交配感，每次 1～2 分钟，直至母兔自愿举尾，表明催情成功，配种受胎率很高。

（3）光照催情。在日照时间较短的秋冬季节，提供充足的光照，使每天光照时间达到 14～16 小时，也具有良好的催情效果。

（4）断奶催情。泌乳会抑制发情，对产仔少的母兔可采取寄养哺乳或提早断奶，一般母兔断奶后 7 天左右即可出现发情现象。

（5）剪毛催情。配种前 1～2 天，对母兔进行剪毛，具有明显的催情效果，配种受胎率可达 75%～80%。

（6）麦芽催情。将发芽2～3天后的小麦拌入精饲料中喂母兔，每天喂2次，每次20～30克，连用3天即可见效。因麦芽有回乳作用，正在哺乳的母兔不宜用此法。

（7）胡萝卜催情。将胡萝卜切成细丁，拌入粗饲料中，每天2次，每次50～100克，2天后母兔便会发情。

（8）激素催情。

1）促卵泡素0.6毫克，1次肌内注射，每天2次，连用2天，有效率达90%。

2）绒毛膜促性腺激素催情，每只母兔每次用40万～60万单位，1次肌内注射，用药1次即可，有效率达90%。

3）孕马血清促性腺激素，每次每只母兔40万～60万单位，连用2次，有效率达95%。

（9）中西药催情。

1）用2%碘酊涂抹母兔外阴部，可刺激母兔发情，有效率在80%以上。

2）每只母兔每天口服维生素E 1～2丸，连用3～5天即可发情，有效率达90%。

3）内服中药淫羊藿10克，每天分早晚2次喂给，连用3天，有效率可达95%。

87. 同期发情技术有哪些重要性？

同期发情又称同步发情，就是利用某些激素制剂人为地控制并调整一群母畜发情周期的进程，使之在预定时间内集中发情。

（1）可将兔群的发情、配种、妊娠、分娩调整到一定时间内同时进行。这样做的好处是仔兔同时出生，可以统一哺乳期的管理培育，可以集中精力大规模搞好仔兔、育肥兔的科学饲养管理。但需要利用的设备多，人员的工作一年四季不均匀，需要提前做好安排。

（2）冷冻精液、人工授精是技术性较强的工作，集中力量做可以提高效率及工作质量。定时输精可不用发情鉴定。

88. 在实际生产中，常用的同期发情方案有哪些？

在这里推荐三个常用的方案：

（1）孕马血清促性腺激素处理肉兔定时配种。每只母兔皮下注射20~30万国际单位的孕马血清促性腺激素，注射后60小时，再于耳静脉注射5微克促排卵2号或50万国际单位的人绒毛膜促性腺激素，同时实施人工授精。经处理后，72小时肉兔的发情率达93.3%，母兔的受胎与产仔已接近自然发育受胎的水平。但要注意，采用此方法时，孕马血清促性腺激素的用量不可过多，也不可连续多次使用。

（2）注射促排卵2号并实施人工授精。视母兔体重大小，每只耳静脉注射5~10微克促排卵2号（溶于0.2毫升生理盐水中），同时实施人工授精。不同发情阶段的母兔其受胎率低于自然发情配种，但超过50%，在生产上有应用价值。但要注意激素用量不能随意增加。使用效果因季节而有差异，以春季使用效果较好。一般无副作用。

（3）肌内注射瑞塞脱。每只母兔肌内注射瑞塞脱0.2毫升，可立即进行人工授精或自然交配。

89. 影响母兔发情的主要因素有哪些？

母兔的发情因素，除受机体内部激素的调节外，还受季节、环境、饲料和机械刺激等因素的影响。所以说，兔的发情周期，是由体内和体外因素协同出现的一种复杂的生理现象。

（1）生理因素：母兔的发情周期，是随其卵巢功能形态变化而改变的，按卵巢的形态和功能，可分为卵泡期和黄体期，它们的更换和反复出现，构成了母兔发情周期循环发生。卵泡期由卵泡上皮细胞所分泌的动情素来促进母兔生殖器官的发育和副性征的出现，并使母兔生殖功能活动出现高峰，产生性欲。但兔在发情期并不排卵，排卵须经交配动作刺激后 10~12 小时方可产生，这种现象叫刺激排卵。公兔爬跨母兔并非是刺激排卵的唯一条件，发情母兔被其他母兔反复爬跨后，同样也可引起排卵。卵子在失去受精机会后经 14~16 小时会全部被自身吸收。母兔在排卵以后形成黄体，黄体期是相当稳定的时期，在此期间黄体分泌孕激素，能在血液中维持一定水平，抑制卵泡发育。孕激素促使子宫内膜增生并分泌出一种营养物质称为子宫乳，为受精卵的着床和分裂创造条件。如未受精，黄体经 3~5 天，被子宫分泌的前列腺素所溶解，孕激素水平迅速下降，这种变化导致卵泡期的开始，继而重新出现发情。

（2）季节影响：母兔的发情活动还随季节的变化和光照时间的长短，呈现出一种周期性变化。在春季，当光照时间由短变长时，母兔的性活动也逐渐增强，当光照时间由短增至 12 小时（春分前后），母兔的发情率为全年的高峰，其特点是发情周期短，交配的成功率高。这一性活动高峰，随光照时间的逐渐增加延长至夏至前后（6 月下旬）。以后光照时间由长逐渐缩短，母兔的性活动也逐渐减弱，直至冬至（12 月下旬），母兔的发情率降为全年最低潮，其特点是发情周期长，表现不明显，受胎率低。另外，母兔的性活动还受天气影响。当天气晴朗时，母兔的发情表现明显，性欲旺盛，交配效果好。在阴雨和风雪天，母兔的性欲差，交配效果也差。

（3）饲料因素：饲料成分的优劣，直接影响着母兔的性活动。当青饲料不足，特别是维生素严重缺乏时，母兔几乎不呈现发情行为，交配的受胎率低于 10%。当青绿饲料充足时，母兔则有规律性的发情期。特别是在春季 3~4 月，因饲料丰富，营养价值高，母兔的发情率和受胎率可高达 80%以上。

（4）机械刺激：单独饲养的母兔，在缺乏外界条件刺激时，其发情表现并不明显。如让母兔进行群体运动，给以异性或同性进行相互追逐爬跨的机会，母兔则表现出明显的性行为，并使性欲增加，促使不到发情期的母兔提前发情。发情母兔还表现出主动寻找公兔，爬跨别的公兔或母兔，做交配姿势或出现扒洞等现象，此时进行交配，可使母兔的受胎率和产仔数大为提高。母兔两次发情的间隔时间称为发情周期，发情开始到发情终止为发情持续期。母兔的发情周期为 7~14 天，多数为 9~11 天，发情持续期 3~4 天。母兔的发情表现除上述特征外，还表现有食欲减退、急躁不安、啃笼、拉毛、衔草及拒绝哺乳等现象。发情母兔的外阴部见有红肿、湿润，苍白、干燥则表示不发情。

90. 什么是母兔假孕？

母兔假孕是指母兔在交配后 16~18 天出现临产行为，乳房膨胀，叼草拉毛，但并无仔兔产出的现象。

发生假孕的原因：

（1）外因：不育公兔的性刺激或母兔的子宫炎、阴道炎等的影响。

（2）内因：排卵后，由于黄体的存在，黄体酮分泌，促使乳腺激活，子宫增大，从而出现假孕现象。

91. 怎样防治母兔假孕？

为了减少母兔假孕，可采取以下措施：

（1）养好种公兔。采用重复配种或双重配种法，减少母兔因配种刺激后排卵而未受精的现象。

（2）配前消炎。配种前，应检查母兔的生殖系统有无炎症，如有炎症，应及时治疗，可内服抗生素类药；对外部炎症可用 0.5%来苏儿溶液洗涤，待痊愈后再配种。

(3) 近亲不配，未发育成熟不配，换毛高峰期和恶劣天气不配。

(4) 重复配种和双重配种并举。种兔场可选择重复配种，即在第1次配种5~6小时后再用同一只种公兔进行第2次交配。商品兔场可采用双重配种法，即在第一只公兔交配后过15分钟再用另一只种公兔交配1次。

(5) 加强管理。对种兔增加运动时间，防止过度肥胖。不要随意捕捉、抚摸母兔。除促使母兔发情外，一般不让试情公兔随意爬跨母兔。种母兔应分笼饲养，保持1兔1笼。

(6) 及时补配。母兔交配后10~12天进行摸胎检查，发现不孕母兔要及时补配。

(7) 当发现假孕后，将其立即放进公兔笼内进行配种，一般即可准胎。

92. 母兔怀孕期是几天？

母兔怀孕期一般为30~31天，不到28天为早产，超过34天为异常妊娠。

93. 母兔临近分娩时有何征兆？

多数母兔在临产前3~5天乳房膨胀，能挤出少量乳汁；外阴部肿胀充血，黏膜潮红湿润，食欲减退。在临产前数小时，也有在产前1~2天者，开始衔草做巢，并用嘴将胸、腹部毛拉下来，衔入巢内铺好做窝。

初产母兔如不会衔草、拉毛营巢，管理人员可代为铺草、拉毛做窝，以启发母兔营巢做窝的本能。一般拉毛与母兔的泌乳有关，拉毛早则泌乳早，拉毛多则泌乳多。

产前2~4小时，母兔出现情绪不安，频繁出入产箱，四肢刨地、顿足、拱背努责和阵痛等表现。

94. 母兔分娩过程持续多长时间？

母兔的分娩时间较短，一般只需 15～30 分钟，但也有个别母兔产下一批仔兔后，间隔数小时，甚至数十小时再产第二批仔兔。

95. 怎样让母兔多生雌兔？

动物性别控制是一项能显著提高畜牧业经济效益的生物工程技术。在肉兔生产中，母兔的生长速度要比公兔快 10%～15%。可见，多生母兔可以明显地提高经济效益。经在养殖中多次实践，探索出几种多生母兔的办法，供广大养殖场参考。

（1）运用公兔交配次数愈多生雌兔愈多的规律，用已连续交配 7 天的公兔，在母兔发情的第 1 天与之交配，或者发情的第 2 天与之交配。用这两种办法试验 34 窝，生下 208 只，其中母兔 161 只，占 78. 3%。

（2）加强母兔的运动量，用增加母兔肌酸含量使子宫 pH 值下降的办法使母兔多生雌兔。母兔发情期间，可将其放入大一点的活动空间内，采取追赶、拨动等办法使其频繁活动，处于疲劳状态，然后进行交配。用这种办法试验 4 窝，产雌兔率在 65%以上。

（3）在母兔配种前 8～12 天，每天在混合料中加葡萄糖 20 克，维生素 E 50 毫克，配种后停喂。用此法配种，所生雌兔可比雄兔高出 12%左右。

96. 如何巧妙控制母兔分娩时间？

母兔产仔如果不是人为控制的话，一般都在夜间，且在后半夜居多。这给接产和护理工作带来了许多不便。如果想省工省时，提高工作效率，可用人为的办法对预产兔分娩的时间进行控制。

（1）用调整配种时间的方法来控制母兔的分娩时间。安排母兔在清晨或上午10时以前配种，母兔分娩时多在白天。

（2）用注射催产素的方法来控制母兔的分娩时间。对妊娠期已满，且有拉毛、叼草做窝等临产征候十分明显的预产兔，可肌内注射催产素0.6毫升，一般情况下注射10分钟即可生产，注射脑垂体后叶激素也有同样的催产作用。

（3）用其他母兔所生的仔兔吮乳的办法诱导母兔分娩。诱导前先把母兔腹毛拔掉，再用热毛巾热敷腹部几分钟，随后将其他母兔生后不久的仔兔放入预产母兔窝内，用人工辅助的方法让仔兔吸吮母兔乳头2~3分钟，多数母兔在吸吮后10~15分钟即可分娩。

97. 如何做好母兔的分娩接产工作？

分娩前2~3天，应将消毒好的巢箱及时放入兔笼内，对于不拔毛的母兔，可以在其产箱内垫一些兔毛，以启发母兔从腹部和肋部拔毛。

分娩结束后，母兔要跳出巢箱觅水，所以在分娩前后，要供给充足的淡盐水，及时满足母兔对水的需要，以免母兔因口渴一时找不到水喝而吃掉仔兔。

产仔结束后，要及时清理产仔箱内的胎盘、污物，清点仔兔数，对未哺乳的仔兔进行人工强制哺乳。产仔多的可找保姆兔代哺，不然要及时淘汰体重过小或体弱的仔兔。

98. 母兔一胎能产多少只仔兔？一年能产多少只仔兔？

母兔的排卵数很多，一般情况下，母兔每胎产仔4~12只，每年可产多胎次，因此母兔的繁殖率十分高，一只母兔一年内可

产出数十只仔兔。

99. 为什么初生仔兔要及时吃上初乳？

初乳是指母兔分娩后前 3 天所分泌的乳汁。初乳营养丰富，富含蛋白、能量及维生素和镁盐等，易于消化，适合仔兔生长快、消化能力弱的生理特点，并能促进仔兔胎粪的排出。更重要的是初乳富含免疫球蛋白，仔兔能从中获得免疫物质，大大提高仔兔的免疫力和抗病能力。所以仔兔出生后必须尽早吃到初乳。

100. 仔兔何时断奶比较合适？

根据仔兔生长发育情况、均匀度和兔群繁殖计划和制度，制定合适的断奶时间。在做好补料的基础上，适时断奶，能保证仔兔安全渡过断奶关，减少断奶应激，提高成活率。断奶时间一般选择在 28~42 日龄。断奶方法有以下两种。

（1）一次性断奶。全窝仔兔发育良好、均匀，母兔泌乳能力急剧下降，或母兔接近临产期，可采用同窝仔兔一次性全部断奶。

（2）分期分批断奶。同窝仔兔发育不整齐，母兔体质健壮、泌乳能力尚保持良好时，可以先让健壮的个体断奶，弱小个体继续哺乳，数天后再断奶。

断奶后，原笼原窝仔兔一起饲养，饲喂断奶前的饲料，减少环境、饲料、管理等发生变化而引起的应激，降低仔兔断奶后的死亡率。

101. 什么时候开始给仔兔补料？

母兔将饲料转化成乳汁喂给仔兔，营养成分要损失 20%~30%，更重要的是，仔兔 3 周龄后从乳汁中获取的能量只有 55%，完全不能满足其生长发育需要。所以，从 3 周龄开始给仔兔补料，不仅可以满足仔兔的营养需要，而且能及早锻炼仔兔肠胃消化功能，利于仔兔的生长发育，利于仔兔安全渡过断奶关，即使从经济观点来看也十分必要。

补饲用料的营养成分及要求：消化能11.3~12.5兆焦/千克，粗蛋白质20%，粗纤维8%~10%。配料时，加入适量酵母粉、酶制剂、生长促进剂、抗生素和抗球虫药物等。补饲用料的颗粒要适当小一些，能加工成膨化饲料更好。

补饲方法：从16日龄起，每只仔兔每天从4~5克开始逐渐增加到断奶时20~30克，每天饲喂4~5次；补饲时，要设置小隔栏将母兔与仔兔分开，仔兔能进入隔栏里吃食而母兔吃不到；或者将仔兔与母兔分笼饲养，仔兔单独补料，补饲后及时撤走料槽。

102. 影响仔兔成活的原因有哪些?

从出生到断奶的小兔称仔兔，其特点为：生长发育快、机体发育尚未完善、对外界的抵抗力和适应性差。因此，仔兔阶段较其他阶段更易发生死亡。所以，减少仔兔死亡，提高其成活率就成为提高养兔经济效益的重要环节。影响仔兔成活的原因有：

（1）季节。刚出生的仔兔体表无毛，无体温调节能力，盛夏易中暑死亡，寒冬易冻死。

（2）饲养。常因饲料营养水平过低，不能满足母兔泌乳的需要，造成泌乳不良，仔兔吃不饱或体弱抢不到奶，最终因长期营养不良而饿死。

（3）母兔食仔、伤仔。母兔因气味、意外受惊、产后口渴等，将仔兔吃掉或咬伤致仔兔死亡。

（4）断奶。仔兔从吃奶转变到吃料，因不适应这种突然变化而死亡或因断奶过早导致仔兔体质虚弱而死亡。

（5）仔兔病害。仔兔吃了患有乳腺炎母兔的奶引起腹泻而

造成死亡。

（6）意外。如鼠害、被母兔压死及仔兔从高处落下而摔死等。

（7）繁殖。近亲繁殖，仔兔生活力弱而造成死亡。

103. 怎样提高仔兔成活率？

（1）仔兔房的温度要适宜。盛夏，为防止仔兔中暑死亡，必须避免产箱内温度过高，应检查垫草、上盖毛是否过厚、仔兔房的通风是否良好。冬季则需注意垫草厚度是否太薄、上盖毛是否太少，防止仔兔房内有贼风和穿堂风。仔兔房的室温至少应保持在 20 ℃，产仔箱的温度应保证不低于 28 ℃，必要时可用加热电器进行辅助供暖（图 4.4）。

图 4.4　刚出生的仔兔

（2）哺乳的措施要合理。

1）母兔的营养。为避免母兔因泌乳不良而饿死仔兔，应根据泌乳母兔的营养需要合理配制饲料，使泌乳母兔获得全面、丰富的营养。泌乳母兔的营养需要为：粗蛋白质18%、消化能11.3兆焦/千克、精氨酸0.8%、赖氨酸0.75%、蛋氨酸+胱氨酸0.6%、钙1.1%、磷0.8%、钠0.4%、氯0.4%。

2）把握好初哺乳时间。初哺乳应在产后1~2小时进行，最迟不应超过10小时。对于母性不强的母兔，必须每天2次人工强制哺乳，3~5天后母兔基本上就会自动哺乳。

3）掌握好合理的哺乳数量。在泌乳正常的情况下，每只母兔能哺乳6~7只仔兔。应根据母兔的哺乳能力合理安排哺乳数量，泌乳能力弱的母兔应适当减少哺乳仔兔数量，进行调整寄养。对寄养仔兔应注意出生日期不超过2~3天，体形大小、体质强弱不应与亲生仔兔相差太大。

（3）防止母兔食仔。母兔常因识别出寄养仔兔的气味而吃掉仔兔，因此，在寄养前就要采取一些措施。例如将母兔取出产仔箱，将寄养仔兔放入1~2小时后，让寄养仔兔与亲生仔兔气味相混合；或搅乱母兔嗅觉，在母兔鼻孔周围涂抹大蒜汁，使其无法识别寄养仔兔。母兔也会因受惊吓、产后口渴等原因食仔，因此，应保持产房安静，并时刻提供充足的饮水以减少食仔现象的发生。

（4）认真做好断奶工作。

1）补料。为防止因突然断奶而造成仔兔死亡，必须做好断奶前的补料工作。仔兔到16日龄就应开始补料，补料起始阶段要少量、多餐，一般1天4~5次，每次要喂给易消化的食物，如胡萝卜丝、新鲜嫩草等。20日龄逐渐补喂少量精料及添加助消化、健脾胃的一些中药，如健胃散等。这样，既能防止因补料引起的消化道炎症，又为仔兔顺利断奶打下了基础。

2）断奶。当仔兔40~45日龄、体重达到800克左右就可以断奶。若全窝仔兔生长发育良好、体质强壮均匀，可一次性断奶；若生长发育不均匀，就要分期断奶。断奶后1周内饲料要保

持不变。

（5）做好疾病防治工作。

1）防治球虫。仔兔开食后，因食入污染了球虫的饲料及母兔粪便而感染球虫。因此，要及时清理粪便，定期消毒兔舍及用具；同时饲料中添加抗球虫药物，如氯苯胍等。

2）防治黄尿病。仔兔出生 1 周后，若母兔患有乳腺炎，或乳头被周围环境所污染，仔兔便会发生黄尿病而很快死亡，目前尚无特效疗法。因此，平时应特别重视母兔及环境的卫生工作，至少应每周进行 1 次母兔乳房的清洗及兔笼的喷雾消毒。一旦发现母兔患有乳腺炎，应立即停止哺乳。

（6）重视灭鼠工作。仔兔出生 10 天内，最易遭受鼠害，严重时能造成相当大的损失。因此，除做好日常工作外，灭鼠工作应引起足够的重视。

（7）加强育种工作。大型养兔场或专业户，对自己的兔群一定要不断选育提高。要选择那些毛绒好、繁殖力高、哺育能力强、抗病力强的留作种用；凡繁殖力差、哺育能力差、抗病力差的母兔，一律淘汰，并严格注意避免近亲繁殖。

104. 仔兔的饲养管理要点有哪些？

仔兔机体生长发育尚未完全，抵抗外界环境的调节功能较差，护理工作必须抓好以下两个时期。

（1）睡眠期。仔兔出生后至开眼的时间，称为睡眠期。仔兔在这个时期，除吃奶外都是睡觉。母兔每天只喂一次奶，每次 5 分钟。所以每天要检查仔兔是否吃饱了奶。吃饱了奶的仔兔，皮肤红润而有光泽，肚子圆滚。如仔兔不安，头向上伸，有时发出“吱吱”的叫声，腹部瘪或腹围小，皮肤色暗无光，并有较多皱褶，说明仔兔没吃饱奶。对于吃不饱的仔兔可采取寄养或人工哺乳的办法。人工哺乳的工具可用注射器或眼药水瓶，嘴上接一小段橡皮管制成。喂奶的温度应热至滴到手背上感到舒服为止（37~38 ℃）。喂的速度要慢。具体做法是：初生 5 天内，用 200 毫升鲜牛奶、3 毫升鱼肝油、2 克盐、1 个鲜蛋调匀喂服；5 天后，用牛奶或羊奶、豆浆等喂服；10 天左右，用 50 毫升炼乳冲开水 50 毫升、1 汤匙玉米糖浆、1 个蛋黄混合后喂给。

（2）开眼期。仔兔生后 12 天左右开眼，从开眼到断奶，这段时间称为开眼期。仔兔开眼早迟与发育很有关系，发育良好的开眼早。如果兔眼被眼屎粘住，可用药棉蘸水，慢慢洗去。这个时期的仔兔要经历一个从吃奶转变到吃植物性饲料的变化过程，如果转变太突然，常常会造成死亡。所以，饲养重点应放在仔兔的补料和断奶上。肉用仔兔生后 16 日龄可开始给少量易消化而又富于营养的饲料，如豆浆、豆腐或剪碎的青草、青菜叶等。22 日龄后可在饲料中拌入少量的矿物质、抗生素和呋喃西林等消炎、杀菌、健胃药物，以增强体质，减少疾病。饲料以少喂多餐，逐渐增加为原则，一般每天喂给 5~6 次。到 30 日龄时，应以饲料为主，母乳为辅慢慢过渡。

105. 怎样实施仔兔早期断奶？

为了保持母兔高产性能，提高产仔能力，必须采用早期断奶和分批断奶法。

母兔怀孕期平均为 30 天（28~34 天）。频密产仔要 1 个月繁殖一窝，而仔兔吃奶时间只能有 28 天左右。根据国内外资料以及实际观察，仔兔在 27~28 日龄断奶是完全可行的。仔兔在 28 天断奶和 45 天断奶，在生长发育和增重等方面，没有明显差别。也就是说，早期断奶法对仔兔的生长发育没有影响。

一窝仔兔有大有小，采取“一刀切”的断奶方法，对体重较轻的仔兔不利，同时，因母兔乳汁涨满，容易引起乳腺炎。分批断奶法是从仔兔 25 日龄开始，先断奶体重大的，后断奶体重

小的，一般在 3~4 天断奶完毕。分批断奶法的好处是有利于体弱仔兔多吃 2~4 天母乳；分批断奶还能预防母兔乳腺炎以及其他疾病。

五、肉兔高效生产的饲料及营养需要

106. 肉兔的饲料分为哪几种？

用于喂兔的饲料种类很多，按其主要贡献和营养成分特性可分为八类，分别是粗饲料、青绿饲料、青贮饲料、能量饲料、蛋白质饲料、矿物质饲料、维生素饲料和添加剂。

（1）粗饲料：指饲料干物质中粗纤维含量≥18%的一类饲料，主要包括干草、秸秆和干树叶类等。

（2）青绿饲料：指自然水分含量≥45%的野生或栽培植物，如各种牧草、鲜树叶、水生植物及菜叶类，非淀粉和糖类的块根、块茎，瓜果多汁饲料等。

（3）青贮饲料：自然含水的青绿饲料制成的青贮饲料或半干青贮。青绿饲料并补加适量糠麸类或根、茎、瓜类制成的混合青贮饲料也属此类。

（4）能量饲料：指饲料干物质中粗纤维<18%，粗蛋白质<20%的一类饲料。主要包括谷实类、糠麸类，富含淀粉的根、茎、瓜果类，油脂和糖蜜类。

（5）蛋白质饲料：指饲料干物质中粗纤维含量<18%，粗蛋白质含量>20%的一类饲料。主要包括豆类籽实、饼粕类、食品及酿造业副产品、动物性蛋白质饲料、单细胞蛋白质、非蛋白氮

和人工合成氨基酸。

（6）矿物质饲料：包括天然生成的矿物质，工业合成的单一化合物，混有载体的多种矿物质化合物配成的矿物质添加剂预混料。

（7）维生素饲料：包括工业合成或由原料提纯精制的各种单一维生素和混合多种维生素饲料，但富含维生素的天然饲料则不划归为维生素饲料。

（8）添加剂：指除矿物质饲料、维生素饲料以外的各种非营养性添加剂，如各种抗生素、防腐剂、抗氧化剂、黏结剂、疏松剂、着色剂、增味剂以及保健剂等。

107. 肉兔对各饲料成分的消化利用有什么特点？

（1）对粗纤维的消化与利用：兔对粗纤维的消化主要在盲肠中进行，消化率低于反刍动物。据测定，兔对粗纤维的消化率为 14%，而牛、马、猪分别为 44%、41%、22%。粗纤维对兔必不可少，粗纤维有助于形成硬粪，并在正常消化运转过程中起物理消化作用。当饲料中粗纤维低于 5%时，易引起兔消化紊乱，采食量下降，腹泻。如果粗纤维含量过高时，日粮所有营养成分的消化率都下降。兔日粮中粗纤维的适宜含量为 10%～14%，因生理阶段的不同略有不同。

（2）对淀粉的消化与利用：兔盲肠内淀粉酶的活性较高，因而其中利用日粮中淀粉、糖产生能量的能力较强。但若喂给富含淀粉的日粮，小肠难以完全消化，因此高淀粉日粮往往会引起腹泻。

（3）对蛋白质的消化与利用：兔盲肠和其中的微生物都会产生蛋白酶，能有效降解饲草中的蛋白质，甚至对低质饲草中的蛋白质也有较强的利用能力。兔对苜蓿干草中的粗蛋白质消化率达到了 74%，对低质量的饲用玉米颗粒饲料中的粗蛋白质消化率达到80%。

(4) 对日粮钙和磷及其比例的要求：兔对日粮中的钙和磷及其比例要求不严，一般为1%左右。当日粮中钙含量4.5%，钙磷比例12∶1时，也不会降低其生长率，骨骼灰分正常。兔日粮磷含量不能高（1%以内），否则影响适口性，兔拒绝采食。

(5) 对非蛋白氮的利用：用尿素为反刍动物提供氮源，已经成为一种经济和实用的方法。因为反刍动物有发达的瘤胃，其微生物可以利用非蛋白氮合成自身蛋白，而后微生物进入真胃和肠道被吸收利用。在国外也有不少实验证明，在兔日粮中加入适量尿素对增重也有一定的作用。因为兔有发达的盲肠，盲肠中微生物的发酵过程和反刍动物瘤胃微生物发酵过程基本一致，利用非蛋白氮合成自身蛋白。但兔对尿素的利用率不是很高。因此，加尿素仅仅是低蛋白日粮的补充措施，不可以以尿素作为饲料中的主要氮源。尿素的添加量，不同的实验结果不同，一般为0.5%~2.5%。多数实验表明，以尿素占风干日粮的1%为宜。

(6) 对无机硫的利用：在兔的日粮中加入一定的硫酸盐（如硫酸铜、硫酸钠、硫酸钙、硫酸锌、硫酸亚铁等）和硫黄，对增重均有促进作用。同位素跟踪表明，口服硫酸盐可被兔利用合成胱氨酸和蛋氨酸。这种无机硫向有机硫的转化，是与兔盲肠微生物的活动及兔食粪分不开的。

108. 粗饲料有哪些营养特点?

(1) 粗纤维含量高，消化率低。喂兔的粗饲料粗纤维含量一般在20%~50%，而且其中含有较多的木质素，因此，粗饲料的共同特点是体积大，不易消化的粗纤维多，营养价值低。如果用中等质量粗饲料喂兔，最多能满足其维持需要，如是低质粗饲料，则低于维持蛋白，必须与精料配合饲喂。

(2) 粗蛋白质含量差异大，不易消化。粗饲料中，豆科植

物或藤蔓类含粗蛋白质10%~19%，禾本科干草为6%~10%，而秸秆类仅为3%~5%，且很难消化。在喂兔时，应根据粗蛋白质含量相互搭配使用。

（3）磷含量均很低，钙含量高。各种粗饲料磷含量均很低，一般为0.1%~0.3%。而钙除豆科植物含量丰富外，一般在1.5%左右，其他粗饲料如禾本科干草、秸秆等含量较少，多为0.2%~0.4%。

（4）维生素D含量丰富，其他维生素含量较少。在粗饲料中，除优质青干草含有较多胡萝卜素外，其他粗饲料含量很少，如秸秆中几乎无胡萝卜素，且B族维生素也较缺乏，只有维生素D含量较丰富。

（5）体积大，吸水性强。所有粗饲料体积均较大，质地粗糙，利用率低，可刺激兔胃肠道蠕动，对大肠维生素发酵也提供一定环境，有利于食糜排空。

109. 常见的粗饲料有哪几类？

（1）秸秆类：主要指农作物收获后所剩下的茎秆枯叶部分，属农业副产品，其营养价值因秸秆种类而不同。玉米秸是我国北方地区的主要粗饲料，其营养价值受品种、生长期、秸秆部位影响，一般夏玉米比春玉米营养价值高，叶片较茎秆营养价值高；玉米秸具有光滑外皮、质地坚硬、相对密度小的特点，兔日粮中所占份额不宜过多，10%以内为好。麦秸是禾本科中较差的秸秆，其粗纤维含量更高，并有较多难以被利用的硅酸盐和蜡质，长期饲喂兔易发生便秘，在日粮中所占份额不能超过5%。稻草比玉米秸和麦秸好，在兔日粮中可占10%~15%。谷草在北方地区有一定量的种植，其营养价值优于麦秸和稻草。豆科植物收获以后的秸秆，虽质地较禾本科植物硬，但粗蛋白质含量较高，豆秸粉碎后可占日粮的5%~10%。

（2）干草：由天然草地和栽培牧草收割下来，经风干或晒制而成。其营养价值远高于秸秆。青干草颜色淡绿，适口性好，是兔优质粗饲料。禾本科牧草蛋白质含量低，钙含量不足，但维生素较高，收割晒制容易，可占兔日粮的30%左右。豆科青干草蛋白质含量高，纤维含量低，钙含量丰富，饲用价值高。豆科青干草以人工栽培牧草为主，如苜蓿、草木樨等，在日粮中可占45%~50%。在天然青干草中，对草种类很难区分，多以禾本科草为主，豆科草次之，其间夹杂很多菊科、苋科等杂草，其营养价值可互相补充，是养兔的好饲料。

（3）树叶类：在各种树叶中，除少数不能饲用外，大部分都可饲喂兔，但营养价值受产地、季节、品种、部位影响较大。果树叶鲜嫩时营养价值很高，但落叶枯黄后价值降低。果树叶含粗蛋白质10%左右，在兔日粮中可占15%~25%，但应注意果树叶中的农药残留量。豆科树叶如刺槐叶中的粗蛋白质可达18%~23%，氨基酸、维生素和矿物质含量都很丰富，刺槐叶可占日粮的30%~40%。其他树叶如杨树叶、榆树叶、柳树叶等都是兔的好饲料。

（4）秕壳类：指农作物收获脱粒后的籽实外皮和外壳，其营养价值比同种作物的秸秆好。豆科荚壳如大豆荚、豌豆荚、花生壳等作饲料可占日粮的10%~15%。谷类壳如稻壳、小麦壳等营养价值稍低，在兔日粮中不应超过8%。其他如棉籽壳、葵花籽壳也有一定营养价值，可在兔日粮中占5%~8%。

（5）糟渣类：糟渣类为生产酒、糖、醋、酱油等工业的副产品，它们的营养价值各具特点。啤酒糟以大麦为主要原料酿造而成，粗蛋白质含量可达22%左右，粗纤维含量较低，是兔的好饲料，对空怀母兔和妊娠前期母兔可占日粮的30%左右，生长和泌乳母兔可喂给12%~18%。白酒糟多以淀粉谷物和薯类为原料酿造而成，营养价值与啤酒相似，可按20%加入育肥兔日粮中；

糟渣类含有一定量的酒精，妊娠泌乳母兔的日粮加入应控制在15%以内，其他糟渣类可根据情况不同按一定比例掺入兔日粮中。

110. 肉兔的能量饲料有哪几类？

肉兔饲料中的能量饲料是指饲料干物质中粗纤维含量低于18%、粗蛋白质含量低于20%的一类饲料，是肉兔日粮中能量的主要来源。可以作为肉兔饲料中能量饲料的有玉米、小麦、高粱、稻谷、糙米、米糠等，这里总结了肉兔能量饲料的营养特点。

（1）玉米：玉米的能量平均值为18 493千焦/千克，其中83%可被畜禽利用，故玉米的能量为各种谷物之首。但是，不同地区、不同种植季节的玉米的物质含量有差别。据研究证明，玉米的成熟程度会影响代谢能值，不够成熟的玉米收获时水分每增加1%，每千克热能减少50.2千焦。玉米的蛋白质缺乏赖氨酸和色氨酸。脂肪85%含在胚芽中，属甘油三酯类，其脂肪组成为：亚油酸59%，油酸27%，硬脂酸2%，亚麻酸8%，花生油酸0.2%，均属于不饱和脂肪酸。黄玉米中胡萝卜素含量高，维生素E含量丰富，主要在胚芽中。玉米胚乳部所含色素以β-胡萝卜素、叶黄素、玉米黄质为主。

（2）小麦：只有其价格低于玉米时，才考虑使用小麦作饲料。小麦的代谢能仅次于玉米、糙米，略高于大麦和燕麦，代谢能12.97兆焦/千克。蛋白质含量较玉米高，但氨基酸组成中缺乏赖氨酸和苏氨酸。色素有黄色的胡萝卜素及呈黄褐色的香黄素，前者在胚芽中，后者在胚芽、皮部均有。

（3）高粱：高粱中的蛋白质难以消化，因为蛋白质和淀粉粒中间有非常强的结合键，酶不易进入分解。高粱中的脂肪含量比玉米低，虽淀粉含量与玉米接近，但高粱中淀粉受蛋白质覆盖

程度高，降低了消化能，致使高粱能量不如玉米。高粱中含有单宁，用量大小取决于单宁的含量，一般饲料含单宁在0.2%以下没什么影响，高单宁含量的高粱，不管对什么动物，用量均应在10%以下，使用时可通过添加蛋氨酸、赖氨酸和胆碱，缓解单宁的不良影响。

（4）稻谷、糙米：稻谷、糙米蛋白质含量为7%~9%，由谷蛋白、球蛋白、白蛋白及醇溶蛋白组成。油脂在糙米中有2%，大部分含在米糠和胚芽中，大米脂肪含量仅有0.8%。构成米油的脂肪酸以油酸（45%）及亚油酸（33%）为主。米油酸败快，故酸价增加很快。完整的糙米不易酸败，但组织被破坏的生米糠及白米则易氧化。糙米中含矿物质1.3%，主要存在于种皮及胚芽中；白米中仅占0.5%。稻谷和糙米中的β-胡萝卜素含量极低，故取代玉米时应添加维生素A。稻谷的营养价值估测为玉米、糙米的80%。

（5）米糠及米糠饼：米糠为糙米精制时脱下的皮层、种皮层及胚芽等混合物，俗称青糠，呈淡黄色或褐黄色，略有油感。米糠经压榨提油后的残留物为米糠饼，经溶剂提油后的残留物为米糠粕。米糠用量在10%以下为宜，用量太高会影响适口性。

（6）麸皮与次粉：麸皮质地疏松，容积较大，可调节日粮营养浓度，改善饲料的物理性状。麸皮中含有镁盐，具有轻泻作用，可调节消化道功能，防止便秘。母兔产仔后饲喂麸皮汤（以开水冲麸皮并加少量食盐）可防止消化功能失调。但是，麸皮的吸水性较强，如果饲料中添加量过多，且饮水不足，可引起便秘。肉兔饲料中添加量可为15%~30%。次粉热能高，可代替部分谷物饲料，但做粉状料太细，粘嘴，适口性差，只适合制颗粒饲料用，用量为10%~20%。

（7）油脂：油脂热能高，代谢能为玉米的2.5~3倍，当饲料热能充足时，可以明显地提高饲料的消化能。油脂还具有特殊

的生热反应，即代谢脂肪需要的能量少，而代谢碳水化合物和蛋白质所需要的能量多。因此，夏季饲料中添加油脂，可减少因代谢而造成的体温升高，使兔处于舒适状态，增加其抗热能力。饲料中添加油脂，可为兔体内提供必需脂肪酸的来源，提高饲料的适口性等。油脂在兔饲料中的用量为2%~3%较为合适。

肉兔能量饲料的种类很多，不同种类的能量饲料营养成分有很大的差异，配料时应注意饲料种类的多样化，合理搭配使用。饲喂能量饲料时应注意几点：第一，谷实类饲料对肉兔的适口性顺序为大麦、小麦、玉米、稻谷，高粱因单宁含量较高，饲喂时应有所限量；第二，能量饲料因粗纤维含量较低（特别是玉米），日粮中用量不宜过多，以免导致胃肠炎等消化道疾病；第三，应用能量饲料时，为提高有机物的消化率，最好经粉碎后，搭配蛋白质、矿物质元素饲料等加工成颗粒饲料；第四，高温、高湿环境很容易使精饲料发霉变质，利用时应特别注意，因黄曲霉毒素对肉兔有很强的毒性。

111. 肉兔的蛋白质饲料有什么营养特点？

适合喂肉兔的蛋白质饲料按其来源可分为植物性蛋白质饲料、动物性蛋白质饲料、单细胞蛋白质饲料三类。

（1）植物性蛋白质饲料：植物性蛋白质饲料来源于植物体，是最广泛的一类蛋白质饲料。主要有大豆等豆科籽实类，饼粕类如豆饼（粕）、花生饼（粕）、棉籽饼（粕）、菜籽饼（粕）、芝麻饼（粕）、葵花籽饼、亚麻籽饼等。工业副产品类中有淀粉工业副产品（玉米蛋白粉、粉浆蛋白粉）、酿酒副产物（如各种酒糟、啤酒糟）、食品工业副产品（如豆腐渣、酱油渣等），也是很好的蛋白质饲料。

1）豆饼和豆粕：是大豆籽实经榨油后的副产品，豆饼是压榨后的副产品，豆粕是浸提法制油的副产品，都含有较多的蛋白质（35%～47%）、能量及矿物质。就蛋白质的营养价值而言，大豆饼（粕）在所有的植物性蛋白质饲料中名列前茅，是肉兔饲料的蛋白质来源之一。但它们含有一些有毒、有害成分，如抗胰蛋白酶、尿素酶、血球凝聚素、皂角苷、甲状腺肿诱发因子等，对饲料的消化利用及兔体产生不利的影响。特别是抗胰蛋白酶因子，会造成胰腺肿大，蛋白质消化受到影响。但这些有害物质大都不耐热，在适当的水分下经加热即可分解失活，但加热过度会降低赖氨酸和精氨酸的活性，同时亦会使胱氨酸遭到破坏。豆饼与豆粕价格较高，为降低饲料成本，应尽量少用，一般在兔饲料中加入5%～15%。

2）花生饼（粕）：为花生仁榨油后的副产品，带壳花生饼含粗纤维高达15%以上，饲用价值较低。而花生仁饼的饲用价值较高，仅次于豆饼。花生饼本身无毒，但极易感染黄曲霉，黄曲霉毒素的毒性很强，易导致肉兔中毒。因此，在贮存和饲喂时应特别注意。花生饼的适口性极佳，兔喜食。但蛋氨酸和赖氨酸含量不足，应与其他蛋白质饲料配合使用。一般花生饼占日粮的5%～15%。

3）棉籽饼（粕）：是棉籽榨油后的副产品，来源广，数量大，价格低，是肉兔廉价蛋白质饲料，但棉籽饼（粕）中含有游离棉酚，可对肉兔产生毒害作用，但用量在8%以下时不会中毒。如果肉兔以青绿饲料为主，用量还可增加。

4）其他饼（粕）：如菜籽饼（粕）含蛋白质30%以上，其中含有异硫葡萄糖苷，水解后产生的异硫氰酸盐可导致甲状腺肿大，但日粮中添加量在10%以内则不会中毒。胡麻饼含蛋白质35.9%，向日葵饼含蛋白质46.1%，芝麻饼含蛋白质35.4%，蓖麻饼含蛋白质31.4%，经适当处理或限制喂量都可作为肉兔蛋白质补充料。除此之外，适合喂肉兔的蛋白质饲料还有玉米蛋白粉、酒糟蛋白饲料等。

（2）动物性蛋白质饲料：这类饲料来源于动物身体，主要来自水产品、肉类、乳和蛋品加工的副产物，屠宰厂和皮革厂的废弃物，丝绸厂的蚕蛹等。主要有鱼粉、肉骨粉、羽毛粉、血粉、皮革蛋白粉、蚕蛹等。此类饲料的突出特点是不含粗纤维，无氮浸出物含量很低，蛋白质含量高。由全动物制得的此类产品粗灰分含量高，钙、磷比例平衡，各种维生素和微量元素也很丰富，特点是植物性饲料缺乏的维生素 B_{12} 和微量元素含量很高。

（3）单细胞蛋白质饲料：又称微生物蛋白质饲料，这类饲料是由各种微生物体制成的饲用品，包括酵母、细菌、真菌和一些单细胞藻类，由于是由单个细胞组成，故称单细胞蛋白质饲料。单细胞蛋白质具有一般常规饲料所没有的优越性，它生产周期短，酵母和细菌繁殖增量速度比动物生长要快千倍以上，还可以实现工业化生产，不与农业争地，也不受气候条件限制，原料来源广，可充分利用工农业废物。

112. 脂肪对肉兔生长有什么作用？在兔配合饲料中为什么不宜超过5%？

脂肪在肉兔体内具有许多生理功能，大多数脂肪在肉兔体内作为长期的能量贮备。另外，在肉兔生长、生命的维持中，各器官组织的新陈代谢也必须不断地摄取脂肪或合成体脂类的原料。肉兔合成的内外分泌物质中，类固醇激素、前列腺素也是脂类，它们在肉兔生理、代谢过程中起着重要的调节作用。其营养作用主要是：组成兔体组织的重要成分，如神经、肌肉、骨骼及血液等；具有供能、贮能作用，可提供给肉兔能量；是脂溶性维生素及激素的溶剂；可以供给肉兔必需的脂肪酸，肉兔缺乏必需脂肪酸会引起皮炎、生长发育不良、脱毛，以及精子发育受阻及副性腺退化等公兔生殖器官变化。另外，添加脂肪有助于营养物质的消化、吸收。营养物质的充分消化、吸收，依赖于它们在肠道的通过速度和停留时间。高浓度脂肪的食糜比低浓度的食糜通过胃肠道更缓慢，这使其他营养物质有更多的时间被消化、吸收。饲料中加入2%~5%的脂肪，有助于提高适口性，增加采食量，对兔生长有促进作用。但若饲料中脂肪过量，使兔体摄入脂肪过多而造成能量过剩，会引起兔的腹泻。因此，在兔配合饲料中脂肪含量不宜超过5%。

113. 肉兔饲料中添加剂需要有什么特点？

添加剂饲料是指添加于配合饲料中的某些微量成分，对提高兔群健康、促进生长、繁殖等均有明显作用，常用的有以下几种。

（1）氨基酸添加剂：常用的有赖氨酸和蛋氨酸，添加量应据饲料配方和肉兔营养需要确定，缺多少添加多少。

（2）微量元素添加剂：常用的有硫酸铜、硫酸锰、硫酸锌、硫酸亚铁和亚硒酸钠等。

（3）维生素添加剂：常用的有维生素A、维生素B和维生素C。肉兔饲料中应用最多的是多维素。

（4）生长促进剂：常用的有喹乙醇和抗生素等。据实验，日粮中加入四环素、金霉素或维吉尼亚霉素，对肉兔有明显促生长作用；每千克日粮中加入50毫克杆菌肽锌盐，能降低肉兔肠炎的发病率；每吨日粮中加入20克喹乙醇，能明显促进肉兔生长和降低腹泻发病率。

（5）驱虫保健添加剂：常用的有氯苯胍、磺胺喹噁啉、磺胺二甲嘧啶等。另外，洋葱、大蒜、韭菜等亦有防治消化道疾病和球虫病的功能。

综上所述，添加剂饲料对肉兔的生长、饲料转化及疾病防治等均有一定的作用。添加时应遵循肉兔饲养标准，缺什么补什

么，缺多少补多少，不能滥用乱用。尤其是抗生素之类，长期使用会产生抗药性，并能够抑制盲肠微生物的活动。因此，使用时应特别注意。

114. 肉兔对矿物质的需要是怎样的？

一般天然牧草、野草、谷物类和豆科类饲料中含的矿物质基本上能满足兔的需要，尤其是日粮中含有大量豆科牧草时，一般不缺乏矿物质。但当日粮中缺乏豆科牧草，而以禾本科牧草为主时，需补充矿物质。肉兔常用的矿物质补充料有食盐、骨粉和石粉。食盐用量一般占配合饲料的2%～3%，用量过大易引起中毒。当日粮中缺少钙、磷时，可补充骨粉，用量一般为3%。

115. 肉兔对微量元素的需要是怎样的？

微量元素在兔体内的含量少，但参与机体内的各种生命活动，在整个机体代谢过程中起重要作用，是保证肉兔健康生长、繁殖不可缺少的营养素。

钙和磷是肉兔体内含量最多的矿物质元素，是构成骨骼的主要成分，日粮中钙、磷不足，则会引起幼兔的佝偻病，成年兔的软骨病。钠和氯在机体酸碱平衡中起着重要作用，也是维持细胞体液渗透压的重要离子，如长期缺乏则会引起食欲减退，生长迟缓，饲料利用率下降。据实验，肉兔日粮中适宜的含钙量为1%～1.5%，磷为0.5%～0.8%；日粮中食盐的添加量为0.5%；每千克日粮中锌的添加量为50毫克，铜5毫克，钴1毫克，硒0.1毫克。

116. 肉兔需要补充哪些维生素？

维生素是一类低分子有机化合物，在肉兔体内含量甚微，大多数参与酶分子构成，发挥生物学活性物质作用。兔大肠微生物

（主要是盲肠细菌）能利用食糜有机物合成维生素 K 和 B 族维生素，通过食软粪途径，全部或部分地满足兔对它们的需要。此外，兔的皮肤在光照下能合成维生素 D，满足其对维生素 D 的部分需要。兔所需要的其他维生素则完全依赖饲料提供。兔所需的维生素中，除维生素 A、维生素 D、维生素 E、维生素 K 外，其余均溶解于水。

（1）脂溶性维生素。

1）维生素 A：兔体内的维生素 A 是从饲料中吸收的维生素 A 原（胡萝卜素）转化而成的。维生素 A 在兔体内发挥多种生理生化作用。①参与感光过程：感光过程与视网膜中的视紫质有关，而视紫质由维生素 A 的醛衍生物同视蛋白结合而成，所以维生素 A 缺乏可引起兔视力障碍。②保护上皮组织结构的完整和健全：在缺乏维生素 A 的情况下，多糖类物质合成受阻，从而引起上皮组织干燥和过度角化，易发生细菌感染，对眼和繁殖器官影响较为明显，表现为干眼病和繁殖功能下降。③促进幼兔生长：维生素 A 与致活氨基酸的酶和成骨细胞的正常活性有关，不足时，体蛋白的合成和骨骼的发育受阻，幼龄兔表现为明显的生长缓慢、共济失调和麻痹等症状。④参与性激素的形成：维生素 A 不足，母兔性功能紊乱，公兔精液品质下降。

2）维生素 D：饲料中的维生素 D 不足，可引起佝偻病，故维生素 D 称抗佝偻病维生素。因小肠黏膜中运载钙离子的蛋白质是在维生素 D 参与下形成的，维生素 D 不足时，这种蛋白质合成受阻，钙吸收困难。钙的吸收能间接地促进磷的吸收，钙吸收不良，则磷的吸收也不佳。因此，维生素 D 缺乏可使骨组织增长所需的钙、磷来源不足。此外，维生素 D 具有促进磷在肾小管重吸收的作用，缺乏时，大多数磷便随尿排出体外。

在阳光作用下，兔的皮肤能合成维生素 D。但是，合成量通常不能满足兔体的需要，特别是室内饲养的毛用兔，其所需维生

素 D 应完全由饲料供给。据报道，每千克日粮含 900 国际单位维生素 D 可满足需要。

不过，日粮中维生素 D 含量过高可引起兔中毒，饲喂每千克含 23 000 国际单位维生素 D 的日粮时，兔血液中钙、磷浓度增高，软组织发生钙化。

3）维生素 E：维生素 E 又称生育酚，参与组织细胞的呼吸过程以及磷酸化反应、核酸代谢和抗坏血酸的合成，同时还参与维持正常的繁殖功能和横纹肌的发育，以及促甲状腺激素、肾上腺皮质激素和性激素的产生。在细胞内具有生物学上的抗氧化作用。

由于维生素 E 在兔体内具有多种生理生化功能，其缺乏症状亦相对复杂。但主要症状是：肌肉营养不良，脂肪肝、心肌变性，幼兔瘫痪，种兔发育不良和新生仔兔死亡等。

兔的维生素 E 需要量与下列因素有关：①日粮中不饱和脂肪酸含量高和硒含量低，应增加维生素 E 的需要量；②维生素 A 含量过高，会破坏维生素 E，从而增加需要量；③由球虫病引起肝脏损害的兔体内维生素 E 含量可下降 1/3。综上所述，兔维生素 E 的确切需要量较难制定，一般认为，每千克日粮含 40 毫克便可满足兔的需要。

4）维生素 K：维生素 K 是具有叶绿醌生物活性的一类物质。有维生素 K_1、维生素 K_2、维生素 K_3、维生素 K_4 等几种形式，其中维生素 K_1、维生素 K_2 是天然存在的，是脂溶性维生素，即从绿色植物中提取的维生素 K_1 和肠道细菌（如大肠杆菌）合成的维生素 K_2。而维生素 K_3、维生素 K_4 是通过人工合成的，是水溶性的维生素。最重要的是维生素 K_1 和维生素 K_2。维生素 K 是黄色晶体，熔点为 52～54 ℃，通常呈油状液体或固体，不溶于水，能溶于油脂及醚等有机溶剂。所有维生素 K 的化学性质都较稳定，能耐酸、耐热，正常烹调中只有很少损失，但对光敏感，也易被碱和紫外线分解。

研究表明，兔肠道细菌合成的维生素K是可以满足正常生长需要的，但是，繁殖兔还需要日粮中补加维生素K。怀孕母兔饲以缺乏维生素K的日粮，会发生胎儿出血和青年兔流产的现象，每千克日粮含2毫克维生素K足以防止出血和流产。

上述脂溶性维生素一般在兔体内有一定的贮存量，故短期内缺乏，兔不表现出缺乏症状，但长期饲喂缺乏该类维生素的日粮就值得考虑。

（2）水溶性维生素。属于水溶性维生素的有B族维生素和维生素C。B族维生素包括核黄素（维生素B_2）、硫胺素（维生素B_1）、吡哆醇（维生素B_6）、泛酸（维生素B_3）、胆碱、烟酸（维生素PP）、钴胺素（维生素B_{12}）和生物素等。水溶性维生素很少或几乎不在体内贮备，短时期的缺乏就会降低体内一些酶的活性，阻抑相应的代谢过程，影响生产力和抗病力。然而，兔大肠微生物能合成一定数量的B族维生素，其肝脏和肾脏能合成足够数量的维生素C，所以，兔水溶性维生素缺乏症一般不会发生。尽管如此，仍必须考虑这类维生素的供给问题。

1）核黄素（维生素B_2）：核黄素是黄素酶的辅基。黄素酶在体内呼吸过程中传递氢。因此核黄素不足，有机物氧化受阻，能量释放困难。冬季兔需要大量的能量维持体温，故核黄素的需要相应增多。此外，人们发现核黄素参与兔对饲料蛋白质和氨基酸的利用，缺乏核黄素，会引起繁殖功能降低。由于核黄素能在兔大肠内由细菌合成，所以一般不会发生核黄素缺乏。但对生长兔，日粮中应含核黄素6毫克/千克。

2）硫胺素（维生素B_1）：是兔体内羧化酶的组成成分。羧化酶使兔体组织中丙酮酸转化为乙酸盐。丙酮酸过量对神经系统能产生不良影响，甚至发展为多发性神经炎。此外，硫胺素还参与蛋白质代谢，其中包括氨基酸的转移过程。微生物合成硫胺素

的量不能完全满足兔需要，长期饲以缺乏硫胺素的日粮，兔会出现运动失调等症状。

3）吡哆醇（维生素 B_6）：吡哆醇在动物体内以吡哆醛的形式参与氨基酸代谢酶的辅酶形成，从而在氨基酸代谢中起着重要作用。此外，还参与脂肪和碳水化合物代谢。据报道，兔缺乏吡哆醇，生长速度下降，并出现皮肤和神经症状。每千克日粮中加入 39 微克吡哆醇，则可预防缺乏症发生。

4）泛酸（维生素 B_3）：泛酸作为辅酶 A 的组成成分存在于细胞中。辅酶 A 是乙酰作用的辅酶。泛酸不足则影响辅酶 A 的合成，从而使机体代谢过程发生紊乱。泛酸还参与性激素的合成。此外，泛酸是兔肠道微生物的生长因子（促进微生物增殖），而微生物本身又合成 B 族维生素，所以，泛酸对整个 B 族维生素合成有明显的影响。一般来说，在通常的兔饲料条件下，由于大肠微生物合成泛酸，不会发生泛酸缺乏现象。但对生长兔，日粮泛酸含量应达 20 毫克/千克。

5）胆碱：胆碱的基本功用是防止肝脏发生脂肪浸润（脂肪肝）。此外，还促进磷脂在肠壁的形成，加速脂肪的吸收，形成乙酰胆碱（神经兴奋介质）。兔胆碱缺乏会出现生长缓慢，脂肪肝或肝脏硬化和肾小管坏死等症状。曾有报道，兔胆碱缺乏，会产生贫血和肌肉营养不良，在兔体内，胆碱可以由蛋氨酸合成，但合成量不足以满足其需要。美国国家研究委员会确定，生长兔日粮应含胆碱 1. 2 克/千克。

6）烟酸（维生素 PP）：烟酸参与脱氢酶辅酶的组成。这种酶在氧化有机物时起催化脱氢反应。烟酸缺乏可导致兔癞皮病，以及消化器官和神经性活动失调等症状。美国国家研究委员会指出，生长兔每千克日粮需含烟酸 180 微克，但对维持、怀孕和哺乳的需要量尚未确定。

7）钴胺素（维生素 B_{12}）：钴胺素的主要作用是维持骨髓的

正常造血功能。缺乏时可引起贫血，生长不良和繁殖功能紊乱，皮毛蓬松。在日粮中含足量无机钴的情况下，兔大肠合成的钴胺素能满足兔体需要。生长兔消化道微生物合成能力相对弱，生长兔日粮应含钴胺素 0.01 毫克/千克。

8）生物素：在饲料中常与赖氨酸结合，在动物细胞中呈游离状态或与蛋白质结合。它是中间代谢过程中催化羧化反应的许多酶的辅酶。较长时间给兔饲喂生鸡蛋蛋白，可发生生物素缺乏，出现脱毛和皮炎症状。

117. 牧草有哪些营养特点?

生长中的多叶牧草含有 70%~90%的水分，因此，牧草产量及化学组分最好以干物质为基础来表示。牧草的成分可分为两大类：植物组织中的细胞内容物或非结构性物质（蛋白质、碳水化合物和淀粉）和组成细胞壁的结构性物质（纤维素、半纤维素和木质素）。

细胞内容物几乎是完全可以消化的，而细胞壁消化率因牧草种类、生长阶段和温度等很多因素的不同而变化。另外，矿物质、维生素和抗营养因子（如单宁、硝酸盐、生物碱）都会影响兔的生产性能，其影响取决于植物种类和环境条件。

（1）蛋白质。可消化蛋白质位于细胞质内，而相对不可消化的蛋白质位于叶绿体内，它占叶绿体中蛋白质总量的 40%左右。细胞壁能过滤蛋白质大分子，这往往使它们在消化过程中不能被兔所利用，这部分蛋白质称为粗蛋白质，就表示这些蛋白质的一部分可能是兔不可利用的。不可利用的粗蛋白质比例取决于牧草种类、收获时的成熟度以及其他因素。

（2）消化能。碳水化合物是指由碳、氢、氧组成的化合物，它是食物中的主要能源，故在营养方面极为重要。非结构性碳水化合物可被各类兔直接消化。可消化能是影响牧草采食量及兔生

产性能的最重要的限制性营养因素。兔如采食高度木质化和过度成熟的暖季型多年生牧草，产量及体重将迅速下降。牧草利用率和兔生产性能取决于牧草的消化率和兔的自由采食量。一般而言，牧草消化率和采食量之间，以及采食量和兔生产性能之间，都有着较高的相关性。

118. 青绿饲料有哪些种类？

（1）栽培青饲料：有豆科牧草如苜蓿、三叶草、毛叶苕子、紫云英、黑麦草、野豌豆等，这类饲料的适口性好，含优质蛋白高；禾本科牧草如燕麦草、扁穗鹅冠草等；蔬菜如胡萝卜叶、甘蓝、菠菜、白菜等，因蔬菜水分含量高，需晾干后再喂。

（2）野草：应选择叶多而纤维较少的野草。常用的有蒲公英、车前草、野荠菜、刺儿菜、马齿苋、艾蒿等。

（3）树叶：可选用蛋白质含量高且营养价值高的树叶，如槐树叶、桑树叶和椿树叶等。

119. 影响牧草饲料品质的因素有哪些？

（1）牧草种类。一般，豆科牧草（如苜蓿、三叶草和百脉根）的品质较好，其消化率随成熟度的下降低于多年生禾草。另外，豆科牧草的蛋白质含量高于禾本科牧草。牧草中可能含有某些特殊的化合物，对牧草品质有不良影响。例如，有些牧草中含有单宁，能降低牧草的消化率、兔的采食量及生产性能。

（2）气候。暖季型和冷季型多年生牧草的消化率在春季最高，在夏季中后期降低，而秋季又开始回升。即使幼嫩状态下的苜蓿，在炎热的夏季，其消化率和粗蛋白质含量也会下降。只要植物还能生长，干旱对牧草品质的影响很小。实际上适度的干旱还会使牧草消化率提高。即使牧草受干旱胁迫，如有足够的牧草可以利用，兔的增重通常高于平均值。降水过多会使牧草含水量增加，虽然这对牧草的消化率没有影响，但会降低其干物质的采食量。过多的降水会导致土壤中氮的淋溶损失，从而降低牧草的蛋白质含量。高温使牧草的木质化程度增加，导致消化率下降。高温使截叶胡枝子的单宁含量增加，导致适口性和消化率下降。

（3）成熟期。与其他因素相比，牧草成熟度对其营养价值的影响最大。随着植物的成熟和细胞壁木质化程度的增加，细胞壁在细胞中的比重增大，最终导致牧草消化率和粗蛋白质含量的总体下降，而暖季型禾草比冷季型禾草的下降幅度更大、速度更快。

（4）氮肥。如果不存在因其他养分的极度缺乏而造成生长受限的问题，则适当施氮肥可增加禾草的粗蛋白质含量。然而，氮肥对幼嫩叶片的消化率却几乎没有任何影响。牧草的收获、调制和贮存可显著影响其消化率。

120. 生长各阶段肉兔对牧草饲料的需要是怎样的？

肉兔的营养需要量变化很大，这取决于肉兔的品种、体重及希望达到的日增重。不同牧草作为兔的能量来源时，其消化率和适宜性变化相当大。依牧草成熟阶段和季节的不同，每一类牧草的消化率都有一个变化范围。为使营养品质保持在此范围的上限，达到最佳的肉兔生产性能，就必须提供优质的草料。

（1）青年种兔的营养。对于选择好准备作为种用的兔子，需要特殊的营养考虑，所提供的营养物质必须充足，以满足其生长需要。用优质的冬季一年生或多年生牧草稍加配合饲料，就能很好地满足这类兔的营养需要。饲喂禾草干草时，一般还需要补饲蛋白质和矿物质。重要的是要使青年种兔充分生长，但不能太肥，太肥不仅需要较高的饲养成本，而且会使公兔无法配种，母兔的受孕率将大大降低。

（2）育肥兔的营养。尽管优质牧草就能使兔达到较高的生

产性能，但为了获得最大的活体增重，仍需饲喂配合饲料。然而，因为牧草是一种低成本的营养来源，所以用牧草来使兔尽可能多地长肉和长骨架，其利润要比饲喂配合饲料高。

（3）哺乳母兔的营养。哺乳母兔泌乳需要大量的优质饲料，以便达到最大的泌乳量。母兔产仔之后，为了重新配种及为仔兔供奶，其营养需要量显著增加。在1月龄前，仔兔的食物主要由母兔提供，所以为母兔提供优质牧草是非常重要的。此时还需要补饲部分配合饲料和矿物质。因此，高质量的牧草和优质的饲料对母兔的良好生长尤为重要。

优质牧草，尤其是苜蓿和百脉根等，对于提高产奶量非常重要。

（4）种公兔的营养。用优质牧草饲喂种公兔，只要极少量的配合饲料就可以满足其营养需要。如为不配种的公兔及后备公兔，基本不用补充精饲料。用低品质的饲草饲料，不仅使饲养时间延长、日增重低、影响繁殖率，且容易引起疾病。

121. 种植1亩优质牧草，可饲养肉兔多少只？

种植1亩优质牧草，搭配部分配合饲料，可以饲养肉兔的数量见表5.1。

表5.1　1亩优质牧草可养肉兔数量

种类	品种	1亩鲜草产量（吨）	供草期（天）	折干草产量（千克）	供草期内每亩地可饲养兔数（只）
拉巴豆	润高	3～3.5	180	600～650	160
多花黑麦草	特高	8～10	150	1 600～1 800	300
紫花苜蓿	游客	7～8	360	1 400～1 500	250
紫花苜蓿	三得利	7～8.5	240	1 400～1 550	260
白三叶	歌德	4～4.5	300	800～900	150

续表

种类	品种	1 亩鲜草产量（吨）	供草期（天）	折干草产量（千克）	供草期内每亩地可饲养兔数（只）
多年生黑麦草	雅晴	5~7	250	1 000~1 300	250
菊苣	普那	7~8	240	1 400~1 500	250
鸭茅	楷模	5~6	250	1 000~1 200	150

注：同一种牧草，不同的阳光、气温，土壤营养成分高低，土壤水分，降雨前后，生长高度，刈割时间、次数，每次刈割后是否施肥等，都会影响牧草的营养物质含量。对于肉兔来说，适口性、采食量、消化率就不同，以至于影响到整个群体的生产性能。表 5.1 可作为肉兔养殖者在发展养殖中的一个参考依据。

122. 近年来，高效生产肉兔所需饲料中有哪些技术创新？

兔饲料的技术创新集中体现在配方技术上，包括原料的选择、配方的设计理念及新技术的应用研究。

（1）原料的选择。兔饲料的品质很大程度上取决于草粉原料的选择。草粉虽然很多，但多缺乏科学的评价和试验，非工业化生产的草粉差异很大，可稳定用于兔料生产的草粉并不多。目前，最为成熟的、应用最广泛的应为苜蓿草粉、米糠、花生秧粉、花生壳粉等。对于仔、幼兔饲料，应含有一定比例的苜蓿草粉为好。另外，必须把配方相对固定下来，不可随意频繁地因原料变化而调动配方。

（2）兔饲料的理念创新。首先是肠道微生物调控技术。兔肠道健康是养兔之本，要根据兔肠道微生物的变化规律来设计配方和使用功能性添加剂。防止有害微生物过度产生，防止寄生虫的繁殖，维护有益微生物的正常功能，这是一套综合技术的应用。其次是营养平衡理念。各种营养成分必须保持平衡合理，要

调整任何一种营养成分时必须同时考虑其他营养成分之间的关系，跟着联动调整，不可只顾一个或几个而忽视了其他，否则很容易失衡。如氨基酸的平衡、能量与氨基酸的比例、离子平衡、钙磷平衡等技术必须综合应用。

（3）不断探索和使用新技术产品。兔饲料的研究相对于猪、鸡、牛的饲料研究来讲较为滞后，我们可以借鉴其他畜种饲料的一些研究方法来研究兔饲料的特性和营养需要，以及营养对生产的作用。一些功能性产品可尝试在兔饲料中试验。

123. 肉兔容易误食的有毒植物有哪几种？

肉兔如果误食了有毒野草或饲料中的某些毒素，即可引起中毒，甚至死亡，故必须引起重视。

（1）常见有毒植物：主要有苍耳、毛茛、白头翁、乌头、狼毒、蓖麻、菖蒲、毒芹、龙葵、曼陀罗、天南星、山芍药、番茄叶、牛舌草、狗舌草、猪殃殃等。肉兔虽有识别有毒植物的能力，但在饥饿状态下很容易误食混入草料中的这些有毒植物，引起中毒、死亡等现象。因此，在采集青、粗饲料时必须识别这些有毒植物，避免肉兔因误食毒草而造成不必要的损失。

（2）常用饲料的毒性：主要有胰蛋白酶抑制因子（豆科籽实中含量最高）、外源凝集素（菜豆中的毒性最强，大豆、豌豆次之，蚕豆中的毒性最小）、芥子苷（菜籽饼中的含量最高）、皂角苷（豆科牧草及菜籽饼中含量较高）、棉酚（棉籽饼中含量较高）、草酸盐（苋菜、菠菜、甜菜等青绿饲料中含量较高）等。这类毒素可明显降低蛋白质的消化吸收功能，甚至引起兔子食欲减退、腹泻、生产性能下降等。所以，豆科饲料必须蒸煮或焙炒后才能饲喂，日粮中的豆科牧草和菜籽饼、棉籽饼的用量必须严格控制。

（3）其他饲料毒素：主要有霉菌毒素、亚硝酸盐、氢氰酸、龙葵素和甘薯黑斑病毒素等。肉兔对霉菌毒素非常敏感，特别是黄曲霉和灰曲霉等毒素，进入兔体后即可引起中枢神经系统和血液循环系统受损，甚至导致死亡。

饲料防霉的有效措施是添加防霉剂。目前生产中常用的防霉剂有丙酸钠（每吨饲料添加1 000克）、丙酸钙（添加量为1%）、甲紫（每吨饲料添加500克）等。亚硝酸盐和氢氰酸都是因青绿饲料堆贮过久或调制不当，使饲料中原来无害的硝酸盐还原为有毒的亚硝酸盐，极小剂量即可引起肉兔的中毒死亡。预防的有效方法是饲喂肉兔的青绿饲料应避免长期堆放，严禁饲喂腐烂、变质的青草、青菜等青绿饲料。马铃薯富含淀粉，单位面积产量很高，是很好的能量饲料，但是马铃薯的芽、茎、叶和变绿的薯块均含有龙葵毒素，尤其是叶、花、果、芽中龙葵毒素的含量更高，这种毒素对胃肠道有强烈的刺激作用，可引起出血性肠炎，中毒后表现为消化系统和神经系统功能紊乱，甚至死亡。预防方法是严禁使用马铃薯的茎、叶、芽饲喂肉兔，变绿的薯块要煮熟后才能饲喂。甘薯富含淀粉，在盛产甘薯的地区常作能量饲料饲喂肉兔，但甘薯表面裂口及虫害部位易受甘薯黑斑病菌侵入，产生有毒性的甘薯酮、甘薯醇等呋喃萜烯类物质，这些物质带苦味，耐高温，肉兔采食后主要侵害肺组织及呼吸中枢，最后致兔呼吸极度困难而窒息死亡。预防方法是饲喂前仔细检查薯块，严禁用带有黑斑的薯块饲喂肉兔；感染黑斑病的甘薯要做深埋处理。

124. 青草料饲喂肉兔有哪些好处？

（1）预防疾病。平时在青饲料中经常搭配一些大蒜、野葱、大青叶等，能有效地预防和治疗感冒、腹泻、口腔炎等常见病。

（2）控制膘情。母兔过肥容易造成不孕。如果控制在七八成膘，对发情十分有利。对那些过肥的母兔，只要在喂料时适当

减少精料，多喂些青料，不用多久就能控制到合适的膘情。

（3）帮助度夏。兔怕热，在炎热的夏秋季，其生长发育往往受到影响，轻则减食落膘，重则中暑死亡。如果在饲料中适当加入一些西瓜皮、黄瓜皮、夏枯草等青料，可增强机体抗热能力。

（4）晾干饲喂。在多雨季节，兔最容易得病，常造成大批死亡。如果能在饲喂青饲料时，采用半鲜半干的饲喂方法，即在喂给含水量多的青绿饲料时，喂给一半左右含水量较少的晒干青料，做到鲜干混喂，则可以有效地克服气候潮湿给兔带来的危害。

125. 青饲料喂肉兔应遵守什么原则？

（1）勤添少给。青饲料水分含量高，柔嫩多汁，兔喜欢采食，如果采食过量，会引起腹泻；另外，如果一次添加过多，兔吃不完会将饲料拉入笼内造成污染，易诱发兔消化道疾病。

（2）注意同精饲料或颗粒料搭配使用。新鲜的青绿饲料水分含量太高，如果单纯作为日粮，则不能满足其能量需要，所以在饲喂时要和能量、蛋白质含量较高的饲料搭配使用。生产实践证明，采用配合饲料搭配适量青饲料的日粮结构喂兔，经济效益最好。

（3）青饲料鲜喂。除少数含有毒素的青饲料外，绝大部分青饲料均要鲜喂，不要煮熟喂。鲜饲可避免维生素遭受破坏，同时可避免因调制不当而造成的亚硝酸盐中毒现象。

126. 哪些青饲料不可单独饲喂肉兔？

（1）白萝卜叶。白萝卜叶中叶绿素含量高、水分多，兔过多采食后容易发生胀气、腹泻。因此，用白萝卜叶喂兔，应与其他牧草、菜叶等搭配在一起混合饲喂。

（2）花生秧。花生秧营养丰富，兔很爱吃，但由于其含粗纤维多、水分多，兔过量采食容易发生大肚病、腹泻等，故不宜单独饲喂。另外，花生秧喂兔时，同时喂给一些洋葱、大蒜头等，可以有效地防止兔病的发生。

（3）甘薯秧。甘薯秧中缺少维生素 E，如果长期单独饲喂种兔，可使公兔精子的形成与发育减慢，导致母兔受胎率降低。因此，用甘薯秧喂兔的时候，应和其他牧草搭配饲喂。

（4）菠菜。菠菜中含有较多的草酸，草酸能与动物体内的钙质结合生成草酸钙沉淀，影响兔对钙质的吸收，故不宜单独给幼兔饲喂。幼兔采食菠菜容易发生佝偻病、软骨症。

127. 哪些青绿饲料禁止饲喂肉兔？

经化验和实践证明，有些青草和野菜不能用来饲喂兔，以免中毒死亡。

在任何情况下都不可饲喂以下有毒青草、野菜：土豆秧、番茄秧、落叶松、白头翁、落叶杜鹃、野姜、飞燕草、蓖麻、狗舌草、乌头、斑马醉木、黑天仙子、白天仙子、颠茄、水芋、骆驼蓬、曼陀罗花、葡萄藤等。

有些青草与青菜在生长发育的某一阶段有毒，若用这一阶段的青草或青菜喂兔，很容易引起中毒。例如，黄、白花草木樨在蓓蕾开花时有毒，不可喂兔；荞麦、油菜在开花时有毒，不可喂兔；亚麻在籽粒、冠茎成熟时有毒，不可喂兔；土豆芽喂兔易中毒。

哺乳母兔饲喂秋水仙、药用牛舌草、野葱、芦苇、艾菊等，食后奶中会带有难闻气味，仔兔吃奶后会引起中毒。

128. 怎样安排兔用牧草的种植计划？

根据饲养规模和每月动态（即不同月份饲养不同生长阶段的

肉兔只数），再根据兔子不同生长阶段采用标准，确定每日需要量，计算出每月需求总量。根据生产用途，制定饲养月份和天数。根据前述，可制定出肉兔每月、每季度或每年的青饲料需要量，即青饲料需要量=饲养只数×日采青标准×饲养天数。

根据本地生态环境，选择适合种植的草种。根据草种的利用时间，确定四季主栽草种。根据草种的产草量，确定拟播面积。根据种草面积，确定每月、每季度或每年的供草量。根据需要量和供草量的平衡，确定播种面积。

129. 优质青干草饲料有哪些营养价值？

青干草是植物绿色营养体在生长阶段收获，并通过一定的方法脱去植物茎叶中的水分后所干制保存的饲草。优质的青干草可保持90%以上的养分，并具有特殊的绿色和清香气息，富含维生素，且叶片较多，质地柔软，适口性好。在生产实践中，青干草是肉兔养殖中最基本、最主要的原料，是肉兔配合饲料以及青饲料短缺季节补充维生素的重要来源，优良的青干草具有较高的饲用价值，不仅蛋白质中氨基酸较全，而且各种营养物质的含量与比例比较平衡，是肉兔能量、蛋白质、维生素的重要来源。虽然干草中粗纤维含量较高，但由于刈割时草的木质化程度较轻，所以粗纤维的消化率较高，为70%～80%。以优质青干草为基础日粮，适当搭配精料和块根饲料等，对肉兔生产力和经济效益均有良好效果。

130. 优质青干草应具备哪些特点？

品质优良的青干草其营养价值高，应具备以下条件：

（1）气味。具有特殊的草的清香气味。这种香味能刺激兔的食欲，增加适口性。

（2）颜色。优质的青干草具有特殊的绿色。从所制作的干草颜色的深浅中可判断其品质优劣。绿色越深，其营养物质损失就越少，所含的可溶性营养物质、胡萝卜素及其他维生素也越多。

（3）形状。各种干草和秸秆叶、嫩枝和蓓蕾、养分含量较茎秆多，营养价值较高，叶比茎所含的蛋白质和矿物质多1～1.5倍，胡萝卜素多10～15倍，纤维素含量却比茎少50%左右，而叶所含营养成分的消化率比茎高40%。

（4）水分。根据地域和气候的不同，正常的青干草含水量为14%～17%。南方高湿地区所制青干草贮存时含水量应低于14%。

（5）营养。合理调制的优质青干草，干物质损失为鲜草的18%～30%，营养价值远比秸秆为优。单一的禾本科秸秆（如稻草、麦秸等）作为粗饲料来讲一般缺磷，胡萝卜素含量极少，甚至没有，所含的粗蛋白质、钙、磷等营养物质都不能满足家畜的营养需要。豆科青干草中蛋白质、钙和磷含量较多，混合使用可提高粗饲料的利用率。

131. 如何调制青干草？

青干草的营养价值比成熟的作物秸秆、藤蔓都高，其中含有较多的蛋白质、矿物质和维生素，而粗纤维的含量却较低，是营养元素较平衡的粗饲料。那么，怎样才能调制出品质优良的青干草呢？

（1）青干草的晒制。晒制青干草，一般多采用平铺暴晒与小堆晒制相结合的方法。

1）平铺暴晒：为了使植物细胞迅速死亡，停止呼吸，减少营养物质的损失，将收割后的鲜草，先进行薄层平铺暴晒4～5小时，使鲜草中的水分迅速蒸发，由原来的65%～85%减少到38%左右。

2）小堆晒制：草的含水量由38%减少到14%～17%，是一个缓慢的过程。如果此时仍采用平铺暴晒法，不仅会因阳光照射过久使胡萝卜素大量损失，而且一旦遭到雨淋后养分损失会更多。所以，当水分降到40%左右时，就应改为小堆晒制，将平铺地面的半干的青草堆成小堆，堆高约1米，直径1.5米，重约50千克，继续晾晒4～5天，等全干后即可上垛。

另外，在有条件的地方，特别是多雨地区，还可采用草架晾干法，效果会更好。目前，国外已广泛采用人工干燥法调制青干草，即将青草送入干燥机内，在120～150℃的温度下烘5～30分钟。用这种方法晒制的青干草质量较高。

（2）青干草的一般贮藏方法。晒制好的青干草，一定要注意妥善保存。青干草贮藏不好，不仅降低品质，而且易造成发霉变质，甚至会引起自燃。青干草的贮藏，目前仍以堆草垛的方式较为普遍。为了防潮，草垛应选择在地势高燥、平坦，且不易积水的地方，同时垛底必须用树枝、秸秆或石块等垫高18厘米以上。草垛的大小可根据青干草的数量来决定，草多时堆成长方体，宽5～6米，高6～7米，长8～10米；草少时可堆成圆柱体，直径3～4米，高5～6米。为了防雨，青干草堆完后，垛顶应呈尖圆形，垛顶斜坡应在45°以上，最后用秸秆严密封盖垛顶，防止雨水浸入。为了防止自燃，上垛的青干草，含水量一定要在15%以下。堆大垛时，为了避免垛中产生的热量难以散发，应在堆垛时，每隔50～60厘米，垫放一层硬秸秆或树枝，以便于散热。

（3）青贮技术。青贮是利用微生物的生长，来保存优质人工牧草的一项技术，可以最大限度地保存牧草中的营养物质。青贮方法有青贮池、青贮窖、袋装及草捆青贮。常用的是青贮窖（水泥地）和袋装青贮。

1）窖式青贮：青贮窖呈圆形或长方形，窖的四壁及底部用水泥抹面，光滑、平整，底部应留排水孔。

2）袋装青贮：一般袋子用0.2毫米厚的无毒塑料薄膜做成，有中型袋和小型袋。中型袋一般为长方形，长4米、宽2米、高1.5米。小型袋一般为圆柱形，高1米，直径1.1米，可随意搬动。袋装青贮时，先将牧草等青贮原料晾晒，含水率控制在60%~80%，铡成2~6厘米（黑麦草等4~6厘米，玉米秸2~3厘米）。装袋时要逐层挤压紧实，装满后封严，密闭，不通气，但要注意不要装得太满，以免将口袋扎破。

3）青贮时注意事项：①适时刈割，禾本科牧草以抽穗期、豆科牧草以孕蕾期为宜。②清洗窖、袋，青贮前用硫黄或福尔马林熏蒸消毒并晾干水分。③切短原料，青贮原料应切短，便于压实排出空气，有利于乳酸菌摄取糖分。④快速装填，应选晴天进行，装填要快，采用逐层装填，每层装15~20厘米，立刻踩实，四角与周边尤其应注意紧实。⑤镇压封顶，青贮料装填后，先用塑料布初封一道，再用干草或湿土压紧封顶，务必防止透气漏水。

青贮料在经过40~50天的青贮后，就可以开窖（袋）使用。青贮质量好的饲料呈黄绿色，具有较浓的酸香味或酒糟味；中等品质的呈黄褐色，稍有酒味和香味；品质低劣的呈黑色或褐色。品质中等的青贮料勉强可用，但不能用于妊娠牲畜。

（4）青干草晒制注意事项。要想晒制出优质青干草，必须注意以下事项：一是增加营养价值高的植物在干草中所占的比例，如豆科植物等。二是青草收割的时期要适当。实践证明，在抽穗期收割的禾本科植物和在孕蕾期或初花期收割的豆科植物晒制的青干草，其营养价值较高，含粗蛋白质、胡萝卜素多，含粗纤维少。三是调制青干草的方法要得当。例如一种牧草，在用机器快速烘干时，其可消化粗蛋白质的损失只有5%，而在地面晒干时损失高达20%~50%，胡萝卜素的损失更大。

132. 青贮料喂兔时要注意什么?

（1）青贮饲料贮存后 1 个月即可饲用，且打开后应连续使用，否则就会发霉腐烂。

（2）饲喂量应根据兔的年龄不同而增减。

（3）青贮料乳酸含量高，适口性较差，喂得过多不仅影响采食，还可能因酸度高而影响酸碱平衡或胃酸过度，必须与其他混合饲料搭配。

（4）在饲喂时首先要注意青贮料的质量，颜色变绿、变黑、有腐烂味、pH 值达 7 以上的青贮料禁止喂兔。

（5）让兔有一个适应过程，肉兔对青贮料约需 1 周时间的适应过程。

133. 怎样用豆腐渣喂兔?

蛋白质是组成兔体的重要部分，如果日粮蛋白质水平过低，兔的蛋白质的采食量就不能满足其生理需求，不利于兔体健康和生产性能的发挥。

在养兔过程中，饲料开支占总开支的 70%以上，饲料中价格较高的则为蛋白质饲料，只要能把兔饲料中蛋白质的价格降下来，那么养兔效益即可显著提高。

豆腐渣为制作豆腐的副产品，主要成分是皮糠层和其他不溶部分。豆腐渣质地柔软容易消化吸收，是营养较好的饲料，干豆渣含蛋白质 28%、粗脂肪 8. 7%、粗纤维 13. 6%，不仅蛋白质含量高，而且兼具能量饲料的特点。

用豆腐渣喂兔应注意几点：①生豆腐渣不能喂。因为生豆腐渣和生大豆一样含有多种抗胰蛋白因子，会阻碍消化，导致中毒，因此喂前必须煮熟。②注意豆腐渣的品质，一定要新鲜，尤其在盛夏极易变质，变质的豆腐渣应坚决抛弃。③豆腐渣货源充足而量大，可以晒干，一般 2.5 千克可晒干品 0.5 千克。0.5 千克湿渣 0.05 元，晒干仅 0.1～0.2 元，非常经济，任何场户都能接受。④干渣可占饲料量的 20%～40%，饲喂兔生长快、膘情好、体质健壮、抗病力强。

134. 颗粒饲料有哪些优点？

制粒是指通过机械作用将单一原料或配合混合料压实并挤压出模孔形成的颗粒状饲料。制粒的目的是将细碎的、易扬尘的、适口性差的和难以装运的饲料，利用制粒加工过程中的热、水分和压力的作用制成颗粒料。与粉状饲料相比，颗粒饲料具有以下优点。

（1）增加颗粒密度，降低运输成本，易于大宗运输。

（2）提高饲料消化率。在制粒过程中，由于水分、温度和压力的综合作用，使淀粉糊化，酶的活性增强，使饲喂动物更迅速地消化饲料，提高饲料转化率。

（3）防止动物挑食，保证一个良好营养配方，减少饲料损失。

（4）杀菌，降低了微生物的活性。蒸汽高温调质再制粒能杀灭动物饲料中的沙门杆菌。

（5）避免饲料成分的自动分级，减少环境污染。

（6）增加动物采食量，减少喂饲的浪费。

（7）改变配方时，动物易接受。

（8）减少了仓内的挂料、结块、灰尘。

135. 用颗粒料喂兔子有哪些好处？

（1）利于兔胃肠的消化吸收，适口性好。颗粒饲料在生产过程中，使混合粉料中的淀粉糊化，生产出的颗粒饲料具有一定的香味，增加了颗粒饲料的适口性，能影响兔胃口，使兔爱吃。

据测定，兔采食颗粒饲料可增加采食量10%~15%。

（2）饲料颗粒具有一定的硬度。颗粒饲料不像湿拌粉料那么松软，硬度大大增加，很合适兔爱啃咬硬物磨牙的习性，就不必专为兔预备木块或树枝供其啃咬磨牙了。

（3）颗粒饲料可避免兔因挑食而形成摄入养分不均衡的现象。在平常喂兔时，养兔户常常为兔吃料时挑拣混合粉料中的饲料而发愁，而颗粒饲料使各种饲料原料都充分混合并生产而成，兔无法挑食。

（4）提高了饲料的消化率。兔对颗粒饲料咀嚼的时间较长，可使口腔产生更多的淀粉酶，兔吃到口中的饲料充分和唾液混合，增加肠道的活动，大大提高了饲料中养分物质的消化率。另外，颗粒饲料在生产过程中，通过短时高温、高压，不只使饲料中的淀粉糊化、蛋白质组织化，并且使酶活性增强，使饲料中含有的豆类及谷物中的一些阻止养分物质消化使用的物质（如抗胰蛋白酶因子）钝化，这些都提高了饲料的消化率。

（5）灭菌消毒、减少疾病。颗粒饲料在生产过程中，通过高达70~100℃的短时高温，可杀死一部分寄生虫卵和病原微生物，使兔疾病显著减少。实践证明，喂颗粒饲料兔的腹泻、口腔炎和异食癖显著减少。

（6）减少饲料浪费。喂颗粒饲料减少了兔吃湿拌粉料时挑食或扒料等形成的饲料浪费。据测定，喂颗粒饲料可节约饲料15%。

136. 肉兔常用的饲料添加剂有哪些？

饲料添加剂是指为补充饲料营养成分、提高饲料利用率、促进肉兔生长和健康而加入饲料中的某些微量成分。目前肉兔生产中常用的主要有以下几种。

（1）药物性添加剂。

1）喹乙醇：浅黄色结晶粉末，是广谱抗菌生长促进剂，抗菌活性比氯霉素、青霉素、杆菌肽锌要强。在肉兔体内吸收迅速，排泄完全，无蓄积作用，具有促进生长的作用。常用添加剂量为25~30毫克/千克。

2）杆菌肽锌：黄褐色或褐色粉末，具有明显降低肉兔肠炎发病率和促进生长、提高饲料利用率的作用，常用添加剂量为30~50毫克/千克。

3）北里霉素：白色或淡黄色粉末，具有预防肉兔疾病、促进生长、改善饲料转化率等功能，常用的添加量为250~300毫克/千克。必须指出的是，使用药物性添加剂，特别是抗生素类，不宜长期单一使用，使用时必须严格控制添加剂量，做到各种抗生素交替使用。

（2）氨基酸添加剂。

1）赖氨酸：缺乏时，生长期的肉兔反应非常敏感，往往会引起生长停滞，氮平衡失调。在以谷物饲料为主的长毛兔日粮中，赖氨酸是最易缺乏的必需氨基酸之一，按肉兔营养需要，日粮中赖氨酸的需要量为0.6%~0.8%。

2）蛋氨酸：是必需氨基酸中最重要的一种含硫氨基酸，缺乏时往往会生长不良，体重减轻，日粮中蛋氨酸常和胱氨酸一起计算，二者之和需要量为0.6%~0.7%。

3）色氨酸：缺乏时往往会引起生长停滞，体重下降，公兔睾丸萎缩，母兔繁殖力下降。按营养需要，日粮中色氨酸的需要量为0.18%~0.22%。必须指出的是，在决定氨基酸的添加量时，应先测定或查阅营养成分表，确定饲料中的氨基酸含量后，按上述标准求得二者之差，再予以添加，以免浪费。

（3）维生素添加剂。

1）维生素A：黄色结晶体，在光照、空气中极易氧化破坏。常用需要剂量为生长兔每千克日粮应含维生素A 580国际单位。

2）维生素 E：无色晶体，在光照、空气中极易氧化破坏。生长兔每千克日粮应含维生素 E 50 毫克。

3）维生素 D：无色晶体，不易氧化，但与碳酸钙混合极易被破坏。生长兔每千克日粮应含维生素 D 900 国际单位。

上述维生素必须根据日粮维生素含量和活性适当添加。在实际生产中，维生素添加剂的配合形式多采用多维素添加剂，使用时必须扩大预混后再进行添加。

（4）微量元素添加剂。肉兔生产中，微量元素添加剂补充的微量元素主要有铁、铜、锌、钴、锰、碘、硒等。在肉兔日粮中添加时，首先，应查出营养需要量和配合饲料中的盈缺情况。其次，应掌握所用矿物质盐类中某种微量元素的百分含量。最后，必须拌和均匀。

137. 什么叫饲养标准？

饲养标准，也叫营养需要量，是通过长期研究、实验，结合畜种、品种、生理状态、生产目的和生产水平等，科学地规定出应该供给的各种营养物质的数量和比例，这种按家畜不同情况规定的营养指标，称为饲养标准。饲养标准中规定了能量、蛋白质、氨基酸、粗纤维、粗灰分、矿物质、维生素等营养指标的需要量，通常以每千克饲粮的含量和百分比数表示。肉兔饲养标准是设计兔饲料配方的重要依据。

我国肉兔营养需要研究工作始于 20 世纪 80 年代，至今尚未形成规范的兔饲养标准。国内不同研究单位推荐的肉兔营养需要标准或建议营养供给量，见表 5.2，仅供参考。

表 5.2　肉兔饲养标准

项目	生长兔	妊娠母兔	哺乳母兔及仔兔	种公兔
消化能（兆焦/千克）	10.46	10.46	11.30	10.04

续表

项目	生长兔	妊娠母兔	哺乳母兔及仔兔	种公兔
粗蛋白质（%）	15～16	15	18	18
蛋能比（克/兆焦）	14～15	14	16	18
钙（%）	0.5	0.8	1.1	—
磷（%）	0.3	0.5	0.8	—
钾（%）	0.8	0.9	0.9	—
钠（%）	0.4	0.4	0.4	—
氯（%）	0.4	0.4	0.4	—
含硫氨基酸（%）	0.5	—	0.6	—
赖氨酸（%）	0.66	—	0.75	—
精氨酸（%）	0.9	—	0.8	—
苏氨酸（%）	0.55	—	0.70	—
色氨酸（%）	0.18	—	0.22	—
组氨酸（%）	0.35	—	0.43	—
苯丙氨酸+酪氨酸（%）	1.20	—	1.40	—
缬氨酸（%）	0.70	—	0.85	—
亮氨酸（%）	1.05	—	1.25	—

138. 在使用饲养标准时应注意什么问题？

（1）因地制宜，灵活运用。任何饲养标准所规定的营养指标及其需要量都只是个参考，实际生产中要根据自身的具体情况（品种、管理水平、设施状况、生产水平、饲料原料资源等）灵活应用。

（2）实践检验，及时调整。应用饲养标准时，必须通过实践检验，利用实际运用效果及时进行适当调整。

（3）随时完善和充实。饲养标准本身并非永恒不变，需要

随生产实践不断检验，随科学研究的深入和生产水平的提高不断修订、充实和完善。

139. 肉兔日粮配合的原则有哪些?

（1）青粗为主，精料为辅。兔为单胃食草动物，如果日粮中粗纤维含量太低，兔的正常消化功能就会紊乱，甚至引起腹泻。我国农村饲草资源丰富，成本低廉。养兔应以青粗饲料为主，精饲料为辅，即使现代集约化兔场全部喂颗粒料，在颗粒料中也要加入适当的青粗饲料（草粉等），以保持日粮中粗纤维的含量。

（2）合理搭配，力求多样。兔由于生长快、繁殖力高、体内代谢旺盛，需要从饲料中获得多种养分才能满足其需要。各种饲料所含的养分的质和量都不相同，如果饲喂单一的饲料，不仅不能满足兔的营养需要，还会造成营养缺乏症，从而导致生长发育不良。多种饲料合理搭配，实现饲料多样化，以满足兔对各种营养物质的需要，获得全价营养。

（3）注意品质，科学调制。饲料的质量要引起高度的重视，注意饲料品质，不喂霉烂变质、打过农药、有毒有害的饲料，是减少兔病和死亡的重要前提。要喂新鲜、优质的饲料，对各种饲料按不同的特点进行合理调制，可提高消化率和减少浪费。籽实类、油饼类饲料和干草，喂前宜经过粉碎，粉料应加水拌湿喂给，有条件的最好加工成颗粒饲料。块根、块茎类饲料应洗净、切碎后单独或拌和精料喂给，薯类饲料熟喂效果更好。

（4）更换饲料，逐渐过渡。更换饲料，无论是数量的增减或是种类的改变，都必须坚持逐步过渡的原则。变化前应逐渐增加新换饲料的比例，每次不宜超过1/3，使兔的消化功能与新的饲料条件渐相适应。

140. 如何掌握肉兔日粮喂量?

每天喂兔，要定次数、定时间、定顺序和定数量，以养成兔定时采食、休息和排泄的习惯，有规律地分泌消化液，促进饲料的消化吸收。相反，喂料多少不均，早迟不定，先后无序，不仅会打乱兔的进食规律，造成饲料浪费，还会诱发消化系统疾病，导致胃肠炎的发生。一般要求日喂 3~5 次，精、青饲料可单独交叉喂给，也可同时拌和喂给。喂料的顺序、次数、数量，应根据兔的品种、兔的月龄、不同生理状况、季节、气候、粪便等情况做适当调整。如仔幼兔消化力弱，生长发育快，就必须多喂几次，做到少量多次。对于仔兔切忌每天只喂一次饲料，或只喂早上和晚上两顿，一定要做到少量多次。

肉兔的饲喂量应根据不同的品种、生理阶段、不同的季节和饲料的营养价值而定。为了便于初学者及早掌握饲喂量，减少浪费及保证肉兔的采食量，提供规模兔场肉兔日喂料量（表 5.3）以供参考。

表 5.3　规模兔场肉兔日喂料量　　单位：克

不同生长阶段	混合精料	青绿多汁饲料
仔兔补料	4~40	后期少许
断乳至 3 月龄	60~110	适量
3 月龄至配种	100~130	尽量多喂
妊娠前期	110~140	适量
妊娠后期	自由采食	适量
产后前 3 天	110~150	适量
泌乳期	自由采食	适量
种公兔	110~120	适量

141. 如何根据配方制作饲料?

应根据兔的不同年龄、性别、用途（种兔还是育肥商品兔等）

等采用不同的饲料配方。日粮中豆粕10%~25%，麸皮类和玉米占20%~40%，骨粉（石粉、磷酸氢钙、贝壳粉）2%，食盐0.5%~1%，鱼粉3%~5%（优质），兔各不同阶段专用复合添加剂0.5%~1%。优质青干草秸秆类占20%~50%，干草粉有优质苜蓿草粉、农作物副产品花生秧粉、黄豆秸粉、玉米秸秆粉等，要求无霉变。在各个不同的饲养阶段，如果有苜蓿、黑麦草等优质鲜绿青饲料保证供应，颗粒饲料用量可以依据生长情况增加或减少。

142. 国内肉兔日粮配合的好例子有哪些？

（1）仔兔饲料配方。

1）7~18日龄开食的仔兔饲料配方：优质苜蓿草粉14.5千克、豆饼13.5千克、玉米粉11千克、麸皮7.5千克、骨粉1千克、酵母粉1千克、食盐0.25千克、赖氨酸0.15千克、硫酸钠0.1千克、松针粉1千克，添加少量奶粉和猪油、糖蜜。

2）18~30日龄仔兔补充料配方：玉米30%、豆饼23%（炒熟粉碎，下同）、麸皮12%、米糠10%、草粉20%、骨粉2%、食盐1%、一喂灵1%、兔球丹1%。每兔日喂10~20克，另补青料50~100克。

3）30~60日龄仔兔补充料配方：玉米20%、豆饼21%、麸皮15%、米糠15%、草粉24%、骨粉3.5%、食盐1%、生长素0.45%、速大壮0.05%。每兔日喂30~50克，另加青料200~300克。

（2）种公兔饲料配方。

1）配种期饲料配方1：玉米11%、豆饼25%、麸皮20%、草粉40%、骨粉2%、食盐1.5%、生长素0.5%。日喂量150~200克，另加维生素E一片（分两次拌入饲料），青料700~800克。

2）配种期饲料配方2：玉米18%、鱼粉3%、草粉50%、豆饼 14%、麸皮 13%、食盐 1%、添加剂 1%。

3）非配种期饲料配方：玉米 15%、豆饼 11%、麸皮 20%、草粉 50%、骨粉 2%、食盐 1.5%、生长素 0.5%。每兔日喂 100 克，另加青料 700~800 克。

（3）种母兔饲料配方：玉米 15%、豆饼 11%、麸皮 20%、草粉 50%、骨粉 2%、食盐 1%、添加剂 1%。

（4）怀孕兔饲料配方。

1）怀孕 15 天前饲料配方：玉米 15%、豆饼 13%、麸皮 20%、草粉 50%、食盐 1%、添加剂 1%。

2）怀孕 15 天后饲料配方：玉米 15%、豆饼 25%、麸皮 19%、草粉 35%、骨粉 4%、食盐 1%、添加剂 1%。

（5）哺乳兔饲料配方。

1）玉米 20%、豆饼 23%、麸皮 10%、米糠 10%、草粉 35%、食盐 1%、添加剂 1%。另喂煮熟黄豆 10 粒。

2）玉米 20%、豆饼 20%、麸皮 10%、米糠 10%、草粉 35%、骨粉 3%、食盐 1.5%、生长素 0.5%。每兔日喂 150 克，青料 800~1 000 克。

3）红薯秧 8%、花生秧 10%、酒糟 8%、刺槐叶 10%、玉米 32%、麸皮 5.5%、豆饼 8%、花生饼 10%、棉仁饼 6%、骨粉 1%、食盐 0.5%、添加剂 1%。

（6）空怀母兔饲料配方。

1）玉米 15%、豆饼 11%、麸皮 20%、草粉 50%、骨粉 2%、食盐 1.5%、生长素 0.5%。每兔日喂 80~100 克，青料 700~800 克。另在配种前 10~15 天，每兔每天加喂维生素 E 1 片，分 2 次拌料饲喂，以促进发情。

2）妊娠 15 天前饲料配方：玉米 15%、豆饼 11%、麸皮 20%、草粉 50%、骨粉 2%、食盐 1.5%、生长素 0.5%。日喂 100~110 克，另加青料 700~800 克。

（7）育肥兔饲料配方。

1）麸皮 30%、玉米 6%、豆饼 15%、麦芽根 32%、草粉 15%、石粉 1%、食盐 0.5%、添加剂 0.5%。抗球虫药适量。

2）苜蓿 22%、豆饼 11.5%、玉米 22.5%、麸皮 32.5%、大豆秸粉 8%、石粉 1.2%、食盐 0.3%、添加剂 2%。

3）麸皮 30%、草粉 24%、大麦 15%、玉米 8.5%、豆饼 10%、菜籽饼 8%、鱼粉 2%、石粉 1.5%、食盐 1%。

4）玉米 25%、麸皮 23%、豆饼 15%、花生皮 10%、酒糟 10%、棉仁饼 5%、花生饼 8.5%、骨粉 2%、食盐 0.5%、添加剂 1%。

5）玉米 10%、青干草 70%、豆饼 5%、麸皮 10%、骨粉 3%、食盐 2%。

6）优质苜蓿干草粉 50%、玉米 23.5%、大麦 11%、麸皮 5%、豆饼 10%、食盐 0.3%、多种微量元素 0.1%、多种维生素 0.1%。

育肥兔实行自由采食，每日少量多次加喂青饲料。

143. 在加工调制青绿饲料时应注意什么？

（1）防止亚硝酸盐中毒。青绿饲料如蔬菜、饲用甜菜、萝卜叶、芥菜叶、油菜叶等均含有硝酸盐，硝酸盐本身无毒或低毒，但在细菌作用下，硝酸盐可被还原为具有毒性的亚硝酸盐。青绿饲料堆放时间过长，发霉腐败，或者在锅里加热或煮后闷在锅中、缸中过夜，都会使细菌将硝酸盐还原为亚硝酸盐。青绿饲料在锅中闷 24~48 小时亚硝酸盐含量达到 200~400 毫克/千克。兔亚硝酸盐中毒后发病很快，多在 1 天内死亡，严重者可在 0.5 小时内死亡。发病症状表现为动物不安、腹痛、呕吐、流吐白沫、呼吸困难、心跳加快、全身震颤、行走摇晃、后肢麻痹、体温无变化或偏低、血液呈酱油色。

（2）防止氢氰酸和氰化物中毒。氰化物是剧毒物质，即使在饲料中含量很低也会造成中毒。高粱苗、玉米苗、马铃薯幼芽、木薯、亚麻叶、蓖麻籽饼、三叶草、南瓜含氰苷配糖体。含氰苷配糖体的饲料经过堆放发霉或霜冻枯萎，在植物体内特殊酶作用下，氰苷配糖体被水解生成氢氰酸。氢氰酸中毒的症状为腹痛、腹胀，呼吸困难而且快，呼出气体有苦杏仁味，步态不稳，可见虹膜由红色变为白色或紫色，肌肉痉挛，牙关紧闭，瞳孔放大，最后卧地不起，四肢划动，呼吸麻痹而死。

（3）防止农药中毒。蔬菜园、棉花园、水稻田刚喷过农药后，其邻近的杂草或蔬菜不能用作饲料，等雨后或隔 1 个月后再割草利用，谨防引起动物农药中毒。

（4）防止某些植物有毒。一些植物含有毒物质，如夹竹桃、嫩栎树等，不能饲喂动物。

144. 粗饲料的加工调制方法有哪些?

（1）物理学加工。

1）机械加工。机械加工是指利用机械将粗饲料铡碎、粉碎或揉碎，这是粗饲料利用最简便而又常用的方法。尤其是秸秆饲料比较粗硬，加工后便于咀嚼，减少能耗，提高采食量，并减少饲喂过程中的饲料浪费。

2）热加工。热加工主要指蒸煮和膨化。

蒸煮：将切碎的粗饲料放在容器内加水蒸煮，以提高秸秆饲料的适口性和消化率。据报道，在压力 2.07×10^5 帕时处理稻草 1.5 分钟，可获得较好的效果。如压力为 7.8×10^6 ~ 8.8×10^6 帕时，需处理 30~60 分钟。

膨化：膨化是利用高压水蒸气处理后突然降压以破坏纤维结构的方法，对秸秆甚至木材都有效果。膨化可使木质素低分子化和分解结构性碳水化合物，从而增加可溶性成分。例如，热喷处

理工艺，麦秸在气压 7.8×10^5 帕时处理 10 分钟，喷放压力为 1.37×10^6 ~ 1.47×10^6 帕时，干物质消化率和动物增重速度均有显著提高。但因膨化设备投资较大，目前在生产上尚难以广泛应用。

3）盐化。盐化是指铡碎或粉碎的秸秆饲料，用 1% 的食盐水与等重量的秸秆充分搅拌后，放入容器内或在水泥地面上堆放，用塑料薄膜覆盖，放置 12 ~ 24 小时，使其自然软化，可明显提高适口性和采食量。在东北地区广泛利用，效果良好。

（2）化学处理。利用酸碱等化学物质对劣质粗饲料——秸秆饲料进行处理，降解纤维素和木质素中部分营养物质，以提高其饲用价值。在生产中广泛应用的有碱化、氨化和酸处理三方面。

1）碱化处理：碱类物质能使饲料纤维内部的氢键结合变弱，使纤维素分子膨胀和细胞壁中纤维素与木质素间的联系削弱。溶解半纤维素，有利于反刍动物对饲料的消化，提高粗饲料的消化率。碱化处理所用原料，主要是氢氧化钠和石灰水。

氢氧化钠处理：早在 1921 年德国化学家贝克曼（Beckmann）首次提出湿法处理，即将秸秆放在盛有 1.5%氢氧化钠溶液池内浸泡 24 小时，然后用水反复冲洗，晾干后喂反刍家畜，有机物消化率可提高 25%，此法用水量大，许多有机物被冲掉，且污染环境。1964 年威尔逊（Wilson）等提出了改进方法，用占秸秆重量 4% ~ 5%的氢氧化钠，配制成 30% ~ 40%溶液，喷洒在粉碎的秸秆上，堆积数日，不经冲洗直接喂用，可提高有机物消化率 12% ~ 20%，称为干法处理。这种方法虽较湿法有较多改进，但牲畜采食后粪便中含有相当数量的钠离子，对土壤和环境也有一定的污染。

石灰水处理：生石灰加水后生成的氢氧化钙，是一种弱碱溶液，经充分熟化和沉淀后，用上层的澄清液（即石灰乳）处理秸秆。具体方法是：每 100 千克秸秆，需 3 千克生石灰，加水

200~250千克，将石灰乳均匀喷洒在粉碎的秸秆上，堆放在水泥地面上，经1~2天后即可直接饲喂牲畜。这种方法成本低，生石灰到处都有，方法简便，效果明显。

2）氨化处理：氨化处理秸秆饲料始于20世纪70年代。秸秆饲料蛋白质含量低，当与氨相遇时，其有机物与氨发生氨解反应，破坏木质素与多糖（纤维素、半纤维素）链间的酯键结合，并形成铵盐，成为牛、羊瘤胃内微生物的氮源。同时，氨溶于水形成氢氧化铵，对粗饲料有碱化作用。因此，氨化处理是通过氨化与碱化双重作用以提高秸秆的营养价值。秸秆经氨化处理后，粗蛋白质含量可提高100%~150%，纤维素含量降低10%，有机物消化率提高20%以上，是牛、羊反刍家畜良好的粗饲料。氨化饲料的质量，受秸秆饲料本身的饲料质地优劣、氨源的种类及氨化方法诸多因素所影响。氨源的种类很多，国外多利用液氨，需有专用设备，进行工厂化加工或流动服务。我国广大农村多利用尿素、碳酸氢铵作氨源。靠近化工厂的地方，氨水价格便宜，也可作为氨源使用。由于氨化饲料制作方法简便，饲料营养价值提高显著，近年来世界各国普遍采用，我国自20世纪80年代后期开始推广应用，每年制作数量达2 150万吨。

3）酸处理。使用硫酸、盐酸、磷酸和甲酸处理秸秆饲料，其原理和碱化处理相同，用酸破坏饲料中纤维素结构，以提高饲料的消化率。但酸处理成本太高，在生产上很少应用。

4）氨-碱复合处理。为了使秸秆饲料既能提高营养成分含量，又能提高饲料的消化率，把氨化与碱化二者的优点结合利用，即秸秆饲料氨化后再进行碱化。如稻草氨化处理的消化率仅55%，而复合处理后则达到71.2%。当然复合处理投入成本较高，但能够充分发挥秸秆饲料的经济效益和生产潜力。

（3）生物学处理。生物学处理主要指微生物的处理。微生物种类很多，但用于饲料生产真正有价值的是乳酸菌、纤维分解

菌和某些真菌。应用这些微生物加工调制的饲料如青贮饲料、发酵饲料和一些微生物制剂。新疆海星农业科学技术应用推广服务站推出的秸秆发酵活杆菌，也是在厌氧条件下，加入适当的水分、糖分，在密闭的环境下，进行乳酸发酵。国内外许多微生物学家，多年来进行了大量的试验研究，企图寻找某种微生物分解低质粗饲料中的纤维素和木质素，以提高其营养价值。但多数因操作技术复杂，投入成本太高，而难以在生产上推广应用。

综上所述，粗饲料加工调制的途径很多，在实际应用中，往往是多种方法结合应用。如秸秆饲料粉碎或切碎后，进行青贮、碱化或氨化处理，如有必要，可再加工成颗粒饲料、草砖或草饼。加工调制途径的选择，要根据当地生产条件、粗饲料的特点、经济投入的大小、饲料营养价值提高的幅度和家畜饲养的经济效益等综合因素，科学地加以应用。具有一定规模的饲养场，饲料加工调制要向集约化和工厂化方向发展。广大农村分散饲养的千家万户，要选择简便易行、适合当地条件的加工调制方法，并应向专业加工和建立服务体系方向发展，以促进畜牧业高速发展。

六、肉兔高效生产管理技术

145. 当前，肉兔高效生产中最实用的养殖技术有哪些？

（1）母兔同期发情技术。母兔同期发情是人工授精技术的前提，只有实现了同期发情，才能提高母兔的受胎率。目前通常采用的同期发情技术有注射激素处理和光照刺激两种方法。

1）激素处理：在配种前 48～50 小时给母兔注射 20 万国际单位孕马血清。

2）光照刺激：在配种前 6 天到配种后 7 天，光照时间达到 16 小时，光照强度达到 60 勒克斯以上。

（2）无公害育肥。肉兔属小型饲养动物，易繁殖、生产周期短、养殖见效快、经济效益高，兔肉营养丰富、肉质细嫩，属高蛋白、低脂肪、低热量的肉质佳品。肉兔实行无公害育肥，必须贯穿在肉兔遗传育种、营养和饲养管理、兔场建筑与设备、疾病诊断与防治整个过程中，尤其是严禁将抗生素及激素作为饲料添加剂长期使用，或使用违禁药物，或不正确用药；在产品加工与利用、兔场经营管理等方面做出详尽的安排，能使饲养的肉兔达到无公害化，在提高肉兔及其制品的食用安全上得到全程的监管，在保证食用者身体健康方面起到积极作用。饲养肉兔过程

中，用药严格执行国家有关饲料、兽药的规定，严禁在肉兔生产中使用国家明令禁止、世界卫生组织禁止使用的所有药物，如在养兔生产中严禁使用己烯雌酚、盐酸克伦特罗和氯霉素等。不得将人畜共用的抗菌药物作饲料添加剂使用，对允许使用的药物按要求使用，并严格遵守休药期的规定。

（3）人工授精。该技术是一种比较先进的繁殖改良技术，可以充分发挥良种公兔的种用作用，一只公兔全年可负担100~200只母兔的配种任务，降低公兔饲养量及成本，提高母兔的受胎率和产仔数，减少因交配或接触而传播的疫病。兔属刺激性排卵动物，输精前后，必须进行排卵刺激处理，主要有激素促排，也可用试情公兔刺激排卵。

（4）选择优良品种。肉种兔一般选择獭兔、比利时兔、日本大耳兔、加利福尼亚兔和哈尔滨白兔，其显著特点为生长发育快，繁殖力强，产肉性能好，具有良好的适应性。在生产上利用杂种优势，用不同品种或品系的公、母兔杂交所生的杂种兔，其生长速度、饲料利用率、抗病力、适应性等比亲本强，是提高肉兔商品率和现代规模养兔的重要技术措施。从理论上讲，杂交用父本宜选择体形大、增重快、饲料报酬高的品种或品系；母本则宜选择母性强、产仔多、泌乳量高的品种或品系，杂交一代无论是在繁殖率上还是在个体长势上都优于亲本。

（5）颗粒饲料。颗粒饲料具有营养全面、适口性好、肉兔喜食、易于消化吸收、饲料转化率高等优点，是肉兔育肥的优质饲料。与饲喂粉料相比，兔更愿意采食颗粒状饲料，而且颗粒要达到相当的硬度，兔在采食时充分咀嚼，还可起到磨牙的作用，使饲料能得到充分地消化，从而提高饲料的利用率。

（6）提高管理水平。肉兔育肥期间，创造适宜的生产条件，严格控制温度、湿度、光照和通风，实现肉兔生长快、育肥期短、饲料系数低。由于缺乏运动和光照，兔抵抗力较差，容易患病。所以，要细心管理，经常检查肉兔体况，保持环境卫生，兔舍兔笼要及时清扫并定期消毒。消毒剂要交替使用，在场区门口设车辆消毒池和人员消毒室，兔舍夏天每周消毒2~4次，冬天1~2次。兔场夏天每半月全场消毒1次，冬季每月1次。每天清扫兔舍1~2次，保持兔舍干净。水槽、料槽每天刷拭1~2次，定期消毒。定期注射兔瘟、兔巴氏杆菌疫苗，幼兔2月龄注射第一次，以后每隔4~6个月注射一次。对断奶仔兔、育成兔每周投放2次驱虫药，连服4周；成年兔群在梅雨季节每周投药一次，药物如氯苯胍、马杜拉霉素、盐霉素等。同时根据兔的不同生长阶段和季节，定时投放各种抗生素，如诺氟沙星、氧氟沙星等。

146. 肉兔饲养管理的一般原则有哪些？

要养好肉兔，必须根据肉兔的生物学特性，在饲养管理过程中，遵守下列基本原则。

（1）青饲料为主，精饲料为辅。肉兔为草食动物，饲料应以青料为主，精料为辅。据实验，肉兔日粮中青粗料应占全部日粮的70%~80%。肉兔采食青饲料的数量，大致为本身体重的10%~30%，体重3.5~4千克的成年兔，每天采食的青草量为400~450克。

肉兔具有生长快、繁殖力强、代谢旺盛等特点，除喂青饲料外，还应适当补喂精饲料。据实验，肉兔日粮中混合精饲料应占全部日粮的20%~30%，体重3.5~4千克的成年兔，每天应补喂混合精饲料100~150克，占其体重的3%~5%。

（2）调制饲料，注意品质。肉兔对饲料的选择比较严格，凡被踩踏、污染的草料，霉烂、变质的饲料，一般都拒绝采食。因此，饲喂肉兔的饲料必须清洁、新鲜。为了改善饲料的适口性，提高消化率，各种饲料在饲喂前必须适当加工、调制。

青草和蔬菜类饲料应先剔除有毒、带刺植物，如受污染或夹杂泥沙则应清洗晾干再喂。水生饲料更要注意清除霉烂、变质和污染部分，晾干后再喂。对含水量高的青绿饲料应与干草搭配饲喂，单喂效果不好。

粗饲料（干草、秸秆、树叶等）应先清除尘土和霉变部分，最好粉碎成干草粉与精料混喂或制成颗粒饲料饲喂。

块根饲料，要经过挑选、洗净、切碎；最好刨成细丝与精料混合饲喂；冰冻饲料一定要解冻或煮熟后方可饲喂。

谷物饲料（大麦、小麦、玉米等）和油饼类饲料均需磨碎或压扁，最好与干草粉拌湿或制成颗粒饲料饲喂。

据生产实践证明，注意饲草、饲料的品质，还必须做到以下十不喂：一不喂霉烂、变质饲料；二不喂带雨、露水的青绿饲料；三不喂粪、尿污染的饲料；四不喂农药污染的饲料；五不喂冰冻饲料；六不喂发芽马铃薯和带黑斑病的甘薯；七不喂未经蒸煮或焙烤的豆类饲料；八不喂有毒植物；九不喂大量的牛皮菜、菠菜等；十不喂大量的紫云英等青绿饲料。

（3）定时定量，少给勤添。肉兔的饲喂方式有三种：第一种为自由采食，即经常备有饲料和饮水，任其自由采食，一般大型养兔场多采用这种方式，常用的饲料为全价颗粒饲料，优点是能充分发挥肉兔的生产性能。第二种为定时定量，即限量饲喂，每天喂兔的饲料数量、饲喂时间和喂料次数都是一定的，这样可使肉兔养成良好的采食习惯，增进食欲，有利于饲料的消化吸收。每天饲喂次数，一般成年兔为3~4次，青年兔4~5次，幼兔可增加到5~6次，通常精饲料分2次喂给，青饲料分3次喂给。第三种为混合法，即基础饲料（青饲料、粗饲料等）采取自由采食方式，补充饲料（精饲料或颗粒饲料）采取限量饲喂。

根据生产实践，要养好肉兔，应按营养需要和季节特点，制定出喂兔的操作日程，并要保持相对稳定，不要忽早忽迟，也不能饥饱不均。在饲喂过程中，要掌握先喂草，后喂料，这样既能让兔吃饱吃好，又能使饲料得到充分消化，提高饲料利用率。根据肉兔昼伏夜动的特点，饲喂时应掌握早餐要早，晚餐要晚，中餐要精的原则。群众有“肉兔无夜草不肥”的说法，特别是冬季更应注意这一点。

（4）保持安静，注意卫生。兔胆小怕惊，一旦受惊，就会引起精神不安，食欲减退，甚至死亡。据实验，饲养在安静兔舍中的3~4月龄青年兔，每月增重可达0.5~0.8千克，而饲养在受到经常骚扰的兔舍中的同龄青年兔，则增重很少，甚至无增重。因此，在日常的饲养管理工作中或者接近兔笼、兔舍和兔群时，都要轻手轻脚，保持安静环境，更要防止狗、猫、鼠、蛇等的侵袭。

兔舍污秽潮湿，易使病原微生物繁殖，导致疾病蔓延。因此，每天必须打扫兔舍，清除粪便，洗刷饲具，勤换垫草，定期消毒，经常保持兔笼和兔舍的清洁、干燥，以便增强肉兔体质，预防各种疾病，提高生产效益。

（5）分群管理，适当运动。为适应肉兔的生长发育和配种繁殖，应分群管理，按年龄、性别、品种等分成公兔群、母兔群、青年兔群、幼兔群等，每群15~20只。目前，有些地方不按性别、年龄的混合群养法是很不科学的，生产上不便管理，经济上也会受到一定损失，应加以改进。3月龄以后的幼兔和留种的青年兔，随着年龄和体形的增大，应由群养逐渐改为笼养，每笼由3~4只逐步改为1~2只。

147. 规模化养兔场如何制定消毒制度？

（1）人员进场进舍的消毒。

1）凡来场的人员、车辆，必须经药物喷雾消毒后，才能进入场内；参观人员必须更换经消毒的工作服、鞋和帽子后，才能

进入生产区；出售肉兔在场外进行，已调出的肉兔，严禁再送回场；严禁其他畜禽进入场内。

2）凡进入兔舍、饲料间的饲养人员，必须换衣、换鞋；脚踏消毒池后方可入内，洗手消毒后才能开始工作；每天工作完毕，应将工作服、鞋、帽子脱在更衣室，洗净备用。

（2）场区和环境的消毒。生产区内各栋兔舍周围、人行道每隔3~5天大扫除1次，每隔10~15天消毒1次；晒料场、兔运动场每日清扫1次，保持清洁干燥，每隔5~7天消毒1次。消毒药可交替选用3%来苏儿、2%氢氧化钠溶液、5%漂白粉、30%草木灰、0.5%甲醛、0.5%过氧乙酸、0.02%百毒杀等。每年春秋两季，对易污染的兔舍墙壁、固定兔笼的墙壁涂上10%~20%生石灰乳，墙角、底层笼阴暗潮湿处撒上生石灰；生产区门口、兔舍门口、固定兔笼出入口的消毒池，每隔1~3天清洗1次，并用2%的氢氧化钠溶液消毒，确保消毒效果。

（3）设备及用具的消毒。

1）兔舍、兔笼、通道、粪尿底沟每日清扫1次，夏秋季节每隔5~7天消毒1次。粪便和脏物应离兔场150米以外处堆积发酵。在消毒的同时，有针对性地用2%敌百虫水溶液或500~800倍稀释的三氯杀螨醇溶液喷洒兔舍、兔笼和环境，以杀灭螨虫和有害昆虫，同时搞好灭鼠工作。

2）各栋兔舍的设备、工具应固定，不得互相借用；每个兔笼和料槽、饮水器和草架也应固定；刮粪耙子、扫帚、锨、推粪车等用具，用完后及时消毒，晴天放在阳光下暴晒；产仔箱、运输笼用完后应冲刷干净，放在阳光下暴晒2~4小时，消毒后备用；兔转群或母兔分娩前，兔舍、兔笼均须消毒1次。

3）养兔所用的水槽、料槽、料盆、运料车等应每日冲刷干净，每隔7~10天用沸水或4%的热碱水消毒1次；兔病医疗所用的注射器、针头、镊子等每次使用后煮沸30分钟，或用0.1%

新洁尔灭溶液浸泡消毒；饲养人员的工作服、毛巾和手套等要经常用1%~2%的来苏儿或4%的热碱水洗涤消毒。

（4）发生疫病后的消毒。兔场发生传染病时，应迅速隔离病兔，单独饲养和治疗。对受污染的地方和所有用具进行紧急消毒，病死兔要远离兔场烧毁或深埋。病兔笼、污物用喷灯严密消毒。饲养人员要搞好个人卫生，加强出入消毒；严防饲料、饮水、垫料污染。兔舍、兔笼用具及环境每3天消毒1次；发生急性传染病的兔群应每天消毒1次。兔舍带兔消毒应选择在晴天进行，并注意通风。当传染病扑灭后，不再发现病兔及有关症状时，应进行1次全场大消毒。

148. 配种期种公兔要特别注意增加哪些营养？

配种期的种公兔是生理负担最重的时期，除了维持自身的营养需要之外，还要应付配种。为保持种公兔的性欲旺盛和精力充沛，在饲养管理中应加强营养，合理使用。

（1）饲养方面。种公兔的配种能力主要决定于精液的数量和质量，而精液的数量和质量均与营养有着密切关系，特别是蛋白质、矿物质元素和维生素等营养物质。据实验，长期饲喂低蛋白质日粮，会引起精液品质和数量下降。实践证明，对精液品质不佳的种公兔，如能每天补喂浸泡并煮熟的黄豆15~20粒或豆饼、蚕蛹及豆科牧草中的紫云英、苜蓿等，就能显著提高公兔的精液品质和受胎率。矿物质元素对精液品质有明显的影响，特别是钙，如果日粮中缺钙则会引起精子发育不全，活力降低，公兔四肢无力。日粮中一般不会缺磷，要注意钙的补充，钙、磷比例应为（1.5~2）：1。维生素对种公兔的配种能力也有一定影响，青绿饲料中含有丰富的维生素，所以一般不会缺乏。但冬季青绿饲料少，或长年喂饲颗粒饲料时，容易出现维生素缺乏症，特别是缺乏维生素A时，就会引起睾丸精细管上皮组织变性，畸形精

子数量增加，如能及时补喂青草、菜叶、胡萝卜、大麦芽或多维素等就可得到纠正。饲喂配种期种公兔的日粮应营养全面，体积小，适口性好，易于消化吸收。每日每兔的喂量：精料为50~100克，青绿饲料为500~600克。另外，对种公兔的饲养，除应注意营养的全面性之外，还应注意营养的长期性，因为精细胞的发育过程需要一个较长的时间。实践证明，饲料变动对精液品质的影响很缓慢。对精液品质不佳的种公兔，改用优质饲料来提高其精液品质时，要长达20天左右才能见效。因此，对集中使用的种公兔，在配种前20天左右就应调整日粮，以达到营养价值高、营养物质全面和适口性好的要求。

（2）管理方面。饲养配种期的种公兔宜一笼一兔，公兔笼应与母兔笼有一定的相隔距离，以免异性刺激，影响公兔性欲。配种次数，一般以每天1~2次为宜，连续配种2~3天后休息1天。配种前应进行健康检查，发现食欲减退、粪便异常、精神萎靡等症状时应立即停止配种。公兔笼要勤打扫，勤消毒，保持清洁卫生，以防发生各种生殖器官疾病。

149. 怎样养好种公兔？

种公兔最重大的任务就是交配繁殖后代，而且种公兔要发育良好、体格健壮、性欲旺盛，才能完成好配种繁殖的工作。种公兔品种和身体的好坏，直接影响后代的健康，为此种公兔的饲养一定要科学健康。对于饲养者来说，如何才能正确地饲养种公兔呢？

要让种公兔健康地成长，就要保持种公兔中等营养水平，不能使其过肥或过瘦，过肥过瘦都会削弱配种性能，甚至失去配种能力。在种公兔的饮食中，应该保证营养全面均衡。特别是在集中配种期到来20天之前就应逐渐调整日粮，以使其体质适应承担繁重的配种任务。日粮中蛋白质含量，非配种期为12%，配种期为14%~15%，而且应该适当补充鱼粉、蚕蛹粉、鸡蛋或血粉等动物性蛋白质饲料。

在管理种公兔的过程中，还要注重给种公兔补充维生素和矿物质等其他的营养成分。因为饲料中钙、磷缺乏，种公兔的精子会发育不全，活力低，四肢无力；缺乏维生素尤其是维生素A、维生素E和维生素D，将影响睾丸的生精功能，精子数量少、活率低，公兔性欲低下，配种能力下降，受胎率和产仔数均下降。在日常生活中，为种公兔准备的食物中应该含钙0.8%、磷0.4%，维生素A或胡萝卜素0.85~0.9毫克、维生素E 4~100毫克，在配种前1个月应补饲胡萝卜、麦芽、黄豆或多种维生素。

而且在管理种公兔的过程中，饲养者可以选择营养丰富的青饲料来喂养，这种食物还可以有效地防止种公兔出现肥胖的现象，让种公兔的身体保持健康稳定。

150. 繁殖母兔的饲养管理技术有哪些?

繁殖母兔的生理状态可分为空怀期、怀孕期、哺乳期三个阶段。要提高繁殖母兔的生产性能，就必须根据其不同的生理阶段，分别采用相应的饲养管理措施。

（1）空怀期。母兔给仔兔断奶后到再配种，这段时期称为休情期，也叫空怀期。在此期间饲养管理的主要任务就是使母兔恢复体力，补偿哺乳期间养分的大量消耗，为接受新的配种繁殖做好充分的准备。但此期一定要注意不能把母兔养得过肥，一旦卵巢沉积脂肪，就必将阻碍卵细胞的发育而影响母兔正常的繁殖功能，造成不孕。反之，若母兔过瘦，也会影响控制卵细胞生长的脑垂体的正常分泌功能，从而导致母兔不孕。由此可见，控制空怀母兔体况是很重要的一个环节。当繁殖母兔出现体况过肥或过瘦时，需要及时调整营养水平，或者适当缩短和延长休产期。

（2）怀孕期。母兔怀孕期饲养管理的好坏，对胎儿的正常生长发育、仔兔的初生重以及母兔分娩后的泌乳量等都有很显著的影响。此期饲养管理的要点是提供全价营养，加强护理，防止流产。母兔怀孕后，胚胎发育可分为三个时期，即胚胎期（怀孕1~12天）、胎前期（怀孕13~18天）、胎儿期（怀孕19~30天）。据测定，胎儿发育过程中体内蛋白质随胎龄增大而增加，能量代谢也随之逐渐加强。为此，怀孕母兔对营养物质的需要量相当于平时的1.5倍，特别是青年母兔本身还在继续生长发育，更需要有足够的营养，尤其是蛋白质、矿物质和维生素。在怀孕母兔的饲养过程中，还要根据母兔的体况进行饲养。若母兔体况良好，在分娩前几天不一定提高精料的喂量，有的还要适当进行减料，以防止母兔产后奶水过多，仔兔一时吃不完而引起乳腺炎；如怀孕母兔体况不佳，在产前不能减料，反而要适当增加精料的喂量。此期要严防母兔流产。母兔怀孕15~25天易发生流产，饲养人员必须注意让母兔处于安静状态，防止受惊吓、受凉、受贼风，要严防母兔互相咬斗、公兔追逐母兔等，严防饮污水，怀孕15天以上的母兔要单笼饲养，并尽量避免母兔孕期患病。要注意做好母兔临产前的准备工作。母兔在临产前拉胸腹毛是一种正常的生理现象，拉毛可以刺激乳腺的发育，毛拉得越多，泌乳性能越好。对在产前不拉毛的兔，应当采用人工方法将其腹毛拉下放入巢内铺好。同时为母兔准备清洁的饮水和一些易消化的食物。

要认真做好产后护理工作。母兔产后用毛盖好仔兔即跳出巢箱寻找饮水，此时可将仔兔轻轻取出巢箱，将窝巢重新进行整理，把污毛、污草拣出，加入清洁柔软的垫草做好窝巢，清点仔兔数目，称取初生窝重后再将其放回窝中并盖上干净的兔毛。

（3）哺乳期。母兔产仔开始到仔兔断奶为哺乳期。在此期间的主要任务是保证母兔健康，使仔兔正常生长。饲养人员必须及时了解母兔的泌乳量，一般成年母兔每天要分泌 60~150 克乳汁，最高达 300 克。产后第 5 天开始要根据母兔的泌乳情况，给母兔增加精料喂量与饲喂次数。一般喂给哺乳母兔的饲料须含粗蛋白质 17%，而且要喂给较好的青绿饲料和多汁饲料，每天还要供给充足的清洁温水。在此期间要特别注意预防母兔乳腺炎，母兔产仔后，应在其饲料或饮水中投放 0. 15 克研碎的长效磺胺嘧唑和适量小苏打。在整个哺乳期间，要始终保持产箱清洁，要随时做好食盒、饮水和其他用具的卫生消毒处理，注意通风换气，防止舍内空气污浊，并注意保持母兔安静。母兔出现泌乳过多或干乳现象，要及时采取对症处理。当乳汁过多时，要调减精料和青绿多汁饲料，增喂干草和饮淡盐水；乳房若有积乳现象，可做冷敷处理。对缺乳的母兔要适当增加含赖氨酸的豆饼、鱼粉等饲料喂量或多喂些青绿多汁饲料。

151. 为什么母兔产仔后无乳或少乳？

母兔产仔后无乳或少乳都会严重影响到仔兔生长，造成的原因一般有：

（1）母兔配种过早，还未达到性成熟，当然这时“产乳系统”同样未发育好。

（2）母兔怀孕后期营养不足，所有营养用于胎儿及自身维持上，没有过多的营养进行转换当然会无乳或少乳。

（3）饲料未能达到种用要求，根本无法满足产奶供奶。

（4）母性太差。

152. 母兔催乳的方法有哪些？

（1）母兔产仔后 1~2 小时，取米汤水 50~100 毫升，加入红糖 5~10 克，拌匀后给母兔饮用。

（2）豆浆 20 毫升，煮熟凉温，再加入捣烂的生大麦芽 50

克，最后加入红糖 5 克，将三者混合后供母兔饮用，每天 1 次，连喂 3 天。

（3）每日适量投喂具有催奶作用的蒲公英、胡萝卜和生大麦。可以单一投喂，也可用 2~3 种配合投喂，每天每只母兔投喂 50~100 克，连续饲喂 2~3 周。

（4）把黄豆煮熟晾干，每天投喂 1~2 次，每次投喂 10~20 粒。

（5）将蚯蚓用开水烫死，焙干或晒干，研成粉末，添加在饲料中喂母兔，每天每只喂 1 条的量。

（6）用芝麻一小撮，花生米 10 粒，食母生 3~5 片，捣烂混合后饲喂，每天 1 次，连喂 3 天。

（7）用人用催乳片，每只母兔每天 3~4 片，连喂 3 天。除此之外，喂些豆饼、豆腐、红糖水、胡萝卜，效果都不错。

153. 仔兔的生长发育特点有哪些？

（1）仔兔出生时裸体无毛，体温调节功能还不健全，一般产后 10 天才能保持体温恒定。炎热季节巢箱内闷热特别易致整窝中暑，冬季则易冻死。初生仔兔最适宜的环境温度为 30~32 ℃。

（2）视觉、听觉未发育完全。仔兔生后眼闭，耳孔封闭，8 天后耳孔张开，11~12 天眼睛睁开。

（3）生长发育快。仔兔初生重 40~65 克。在正常情况下，生后 7 天体重增加 1 倍，10 天增加 2 倍，30 天增加 10 倍，30 天后亦保持较高的生长速度。因此，对营养物质要求较高。

154. 影响仔兔存活率的因素有哪些？

仔兔是兔出生后的第一个生长阶段，也是最基础的阶段。饲养管理不当或疾病原因，很容易出现死亡，出现“生得多，死得多”的局面，同时它也影响到以后各个阶段的生长和成活率。现将几个重要的影响因素整理如下。

（1）母兔泌乳量对仔兔成活率的影响。在生产实践中我们知道，仔兔出生后应尽量让其吃上奶、吃好奶。经常处于饥饿、半饥饿状态的仔兔往往生长发育不良，死亡率高。因此，母兔的泌乳力就成为仔兔成活率的基础。

母兔在哺乳期间，每天分泌的乳汁一般为200克左右，为了保证自身的营养和能够分泌足够的乳汁，母兔需要大量的营养物质，在饲养过程中应提高饲料的营养水平，增加饲料的喂给量，使母兔能够获得足够的营养来保证泌乳量。反之，母兔会因营养物质的不足而动用体内贮存的营养物质，从而降低自身的体重，使泌乳量大幅下降。

饮水对兔的生长和健康有明显的影响。水分又是兔乳的主要成分之一，饮水不足，可以直接导致泌乳量的减少。如果只喂干饲料而不给饮水或饮水不足时，采食量会下降，导致营养物质摄入不足，进一步则是泌乳量减少。因此，哺乳母兔要保证不断水，并饲予鲜嫩、富有营养的青草。

另外，母兔的泌乳量和带仔数有关。带仔数多，泌乳量也相应增加，但是仔兔个体吮乳量随着带仔数的增加而大幅减少。实践中可根据实际情况确定带仔数的多少，一般6~8只较为合适。

（2）补饲对仔兔成活率的影响。仔兔补饲是仔兔阶段饲养管理的关键技术，它对防止仔兔腹泻、提高仔兔成活率，以及仔兔能否顺利通过“断奶关”具有非常重要的意义，并且对断奶重和90日龄重都有影响。如果补饲的时间和饲料等不正确，会使仔兔在15~25日龄出现大量死亡，造成不应有的损失。对于补饲的时间一般认为从16~21日龄开始，笔者收集了生产中的一些数据，结果显示：16日龄和18日龄开始补饲都会发生不同程度的腹泻，28日龄体重均大于500克。16日龄补饲的发病率

和死亡率明显高于18日龄补饲，28日龄体重也明显高于18日龄补饲。21日龄补饲基本上不会出现腹泻和死亡，但28日龄体重往往不足400克，给断奶后成活率造成影响。因此在一般的饲养管理条件下，18日龄补饲较为合理，21日龄补饲明显偏迟，而在16日龄补饲必须具有一定的经验、合理的饲料组成和科学的饲养管理技术。

补饲的饲料组成和饲喂量的多少直接影响到仔兔的成活率。当饲料中粗纤维的含量适宜时，可防止盲肠碳水化合物负荷过量引起的腹泻现象。仔兔日粮粗纤维过低时盲肠中的挥发性脂肪酸含量显著增加，产生高分子丙酸，不利于仔兔盲肠生态平衡，可能造成腹泻、死亡。仔兔日粮中粗纤维含量过高时，一旦淀粉含量低，盲肠中的挥发性脂肪酸含量就会降低，使酸性下降，阻碍正常的微生物群落的生长，促进了病原微生物的生长，从而导致腹泻或直接死亡。粗蛋白质的含量也影响到仔兔的成活率，在仔兔的饲料构成中，如果蛋白质水平过低，会影响到仔兔的生长发育，使断奶时体重减轻，降低成活率。营养不良的兔子，无论用什么药物，都很难取得理想效果，也难以查出病因。如果蛋白质水平过高，则会加重盲肠、结肠及肝脏、肾脏的负担，对未发育完全的盲肠来说是雪上加霜，促使引起腹泻、中毒和死亡。

因此，粗纤维和粗蛋白质的含量需要达到一个合适的比例，高蛋白低纤维或低蛋白高纤维都会导致仔兔成活率的降低。但在生产中也有用高蛋白低纤维的猪、鸡颗粒饲料补饲成活率高的实例。笔者通过调查发现用猪饲料补饲时，仔兔的喂给量约为25克/只。随后笔者用cp（粗蛋白质含量）≥16%、cf（粗纤维）≤10%的颗粒饲料对10只仔兔进行自由采食补饲试验，结果当天采食约75克/只，第2天就有6只发生腹泻，最终3只死亡。所以，应根据饲料营养水平情况，适当调整补饲饲料的喂给量，才能达到防止腹泻，提高成活率的目的。

（3）断奶对仔兔成活率的影响。一般认为仔兔断奶在28～45日龄时进行。断奶时由于消化功能和神经功能尚未健全，抗病力差，又逢年龄性换毛，极易造成死亡。一般要求遵循管理、环境和饲料三不变原则。饲料要求逐步更换，防止发生应激反应造成死亡。

据报道：35日龄、45日龄断奶仔兔平均窝重和成活率显著高于28日龄断奶的仔兔。在35日龄和45日龄断奶的仔兔在良好的饲养管理条件下，成活率几乎达到100%；28日龄断奶的仔兔由于断奶过早，导致仔兔体质较弱，会引起死亡，成活率在80%左右，并且影响以后阶段的生长发育，因此一般建议在35日龄断奶较为适宜。

在生产中发现，仔兔断奶时的体重影响成活率。在25～45日龄之间断奶仔兔的成活率似乎与断奶重的关系更为密切，呈正相关。数据表明：断奶重在400克的仔兔成活率约为60%，在500克的仔兔成活率约为85%，在600克的仔兔成活率几乎达到100%。也就是说，在母兔带仔数适当、泌乳量多、补饲到位的情况下，不管其多少日龄，当仔兔体重达到一定值时进行断奶，都可以获得良好的成活率。总之，仔兔的成活率与仔兔体况有关，打好基础，保证仔兔发育良好，获得良好的断奶体重，成为提高成活率的关键。

（4）疾病对仔兔成活率的影响。影响仔兔成活率的疾病主要有仔兔黄尿病、大肠杆菌病和球虫病。如果发病就会造成很大损失，因此了解其发病特点，做好早期预防工作，对提高仔兔成活率也非常重要。

1）仔兔黄尿病：也称仔兔急性肠炎，多在出生后第3天发生，大多全窝发病，整窝死亡。病兔整天昏睡，体软如绵，排出稀薄如水的黄色便，使浑身尽湿并有皱褶、气味难闻。环境卫生差、消毒不严格为诱因，葡萄球菌感染而发病。对于母兔患有乳

腺炎的，应及时给予抗生素治疗，严重者应淘汰。产前 3 天产后 4 天对产箱和笼位带母兔、仔兔消毒可以收到良好的预防和治疗效果。

2）大肠杆菌病：在仔兔阶段多表现为腹泻和急性死亡。多发在补饲后，发病急、死亡快，病兔出现料渣样稀粪，拒食，腹胀，最后脱水而死。急性则突然出现神经症状，很快死亡。补饲不当为诱因，造成仔兔消化功能紊乱（表现为腹泻），引起致病性大肠杆菌感染（表现为急性死亡）。加强对仔兔的饲养管理，合理的饲料营养水平和饲喂量，可以减少本病的发生。发病时用乙酰甲喹、环丙沙星等进行防治可以收到较好的效果。

3）球虫病：多发于 25 日龄以后，发病率高，死亡严重，病兔腹腔积液，死时出现角弓反张等神经症状，也会出现软粪、腹泻，四肢无力等慢性表现。本病是由于兔吞食含有球虫卵囊的食物所致，带虫的母兔是主要的传播者。定期对笼具采用氢氧化钠或火焰消毒，对母兔进行药物防治来切断传染源，防止饲草被污染，可以减少该病的发生。用地克珠利等抗球虫药物对仔兔进行饮水或拌料饲喂，可以收到较好的防治效果。

155. 怎样搞好仔兔的饲养管理？

从出生到断奶这一时期的小兔称为仔兔。仔兔的饲养管理是否得当，直接关系仔兔的成活率和生长发育，是养兔的重要环节。

（1）防寒暑，防鼠害。根据气温变化调整产箱内盖毛和垫草；同时，将兔笼、兔窝严密封闭，实行昼夜值班，严防鼠害。

（2）早吃奶，吃足奶。如果仔兔能早吃奶、吃足奶，则生长发育好，体质健壮，生命力强。对吃奶不足或吃不到奶的仔兔，应及时采取措施，如强制母兔哺乳，或将仔兔寄养或人工哺乳。

（3）做好开食补料工作。开食时间以16~18日龄为宜，过早因仔兔肠胃功能尚未健全，容易发生消化道疾病。补喂的饲料，开始用少量的嫩青草、野菜诱食，23天左右可逐渐混入少量精料。补料量要由少至多，少喂多餐，每天喂5~6次。

（4）搞好产箱和兔笼的卫生。产仔箱要每天检查，发现下部及四角潮湿，或母兔在箱内大便，及时清除，防止仔兔误食母兔粪便感染球虫病。晴天产箱要多晒太阳，起到消毒杀菌的作用。仔兔开食后，粪尿增多，更要保持产箱的清洁卫生。

（5）适时断奶。仔兔在40~45日龄断奶，根据仔兔的健康状况和体质强弱，可应用不同的断奶方法。

1）一次断奶。若全窝仔兔生长发育均匀、体质强壮，采用一次断奶。即在同一时间将母、仔分开饲养。离乳母兔在断奶2~3天，只喂青料，停喂精料，使其断奶。

2）分期断奶。如果全窝仔兔发育不均匀，可分期断奶。先将体质强者分开，体弱者继续哺乳，数日后视情况再行断奶。仔兔断奶时，要做到饲料、环境和管理三不变，断奶仔兔以离母不离笼为宜。

156. 怎样搞好幼兔的饲养管理？

幼兔是指断奶至3月龄这一阶段的小兔。实践证明，幼兔死亡率高，养好幼兔的关键是预防腹泻和球虫病。

（1）断奶前后饲料、环境、管理三不变。若需变化，必须逐步进行，使幼兔慢慢适应。

（2）分群饲养。按兔龄与体重大小不同，实行分群饲养，每笼4~5只，每群以10只左右为宜。

（3）玉米等高能量精料要限喂。常见饲料配方：小麦粉20%、豆饼粉21%、苜蓿粉54%、废糖蜜3%、动物脂肪1.25%、磷酸钙0.25%、食盐0.5%。肉用兔平均日增重达36克，56天

能达到1.84千克的屠宰体重。

（4）定时限量，少喂多餐。青饲料每天3次，精饲料每天2次；同时，观察每次喂食后是否剩料，结合兔的粪便软硬情况，调整饲喂量。

（5）控制环境。注意寒流等气候突变情况，切实把好环境关。

（6）做好卫生防疫工作。首先是笼圈的清洁卫生，注意消毒；其次是疾病的预防，如春、秋季预防口腔炎、肺炎及感冒；夏季重点预防球虫病，可在饲料中添加磺胺、呋喃唑酮等药物和洋葱、大蒜等，对于防病、促进生长都有好处。按时预防接种更不可忽视，除了注射兔瘟疫苗外，还应根据实际情况注射巴氏杆菌、魏氏梭菌等疫苗，确保兔群安全。

157. 怎样养好青年兔？

从3月龄到初配这一时期的兔称为青年兔，或叫育成兔。留作种用的叫后备兔，其抗病力已大大增强，死亡率降低，是较容易饲养的阶段。

（1）饲养。青年兔的消化功能已得到加强，采食量加大，体内代谢旺盛，生长发育较快，且以肌肉和骨骼增长为主。营养上要保证有充足的蛋白质、无机盐和维生素。饲料应以青绿饲料为主，适当补充精料，在5月龄后应控制精料的喂量，以防过肥而影响种用价值。

（2）管理。青年兔的管理重点是及时做好公、母兔的分群饲养。从3月龄开始公、母兔已开始性成熟，为防止早配和乱配，公、母兔必须分开饲养。4月龄以上的公兔，准备留作种用的要单笼饲养。对4月龄以上的公、母兔进行1次综合鉴定，重点是外形特征、生长发育、健康状况等指标。把鉴定选种后的后备兔分别归入不同的群体中，种兔群应是生长发育优良、健康无病、符合种用要求的青年兔；生产群中不留作种用的一律淘汰，用于育肥。4月龄左右的公兔如不留种，应及时去势，去势后的公兔可群养育肥，以便于管理和提高生产性能。从6月龄开始训练公兔进行配种，一般每周交配1次，以提高早熟性和增强性欲，做到能适时配种利用。有条件的养殖户应为后备兔设置运动场，以加大运动量。

158. 怎样进行肉兔育肥？

兔肉有“保健肉”和“美容肉”之美称，富含蛋白质，营养丰富，肉质细嫩，易于消化。近年来，随着经济生活水平的提高，兔肉的需求量稳步增长，饲养肉兔已成为农民勤劳致富的一个途径。现介绍肉兔快速育肥的方法。

（1）供育肥的公兔应去势，去势后的增重速度可提高10%~15%。

（2）育肥期应限制育肥兔的运动。最好把兔养在仅可容身的小笼和木箱内，安置在温暖而黑暗的地方。

（3）要给育肥期的兔子吃饱吃好。应一改过去以青饲料为主的肥育法，采用混合饲料为主的育肥法。混合饲料配方：麸皮60%、玉米15%、豆饼10%、鱼粉5%、米糠5%、骨粉4%、食盐1%。在从普通日粮改为育肥日粮时，应经过10~15天的过渡期。第一个月每天每只平均喂食0.04千克。随着个体的增大，逐渐增加投喂量，到育肥的最后1~2周可完全喂给精饲料，每天每只供给0.15千克。日粮分4餐（早、中、晚及夜间10时），以清水拌湿投给。同时保证充足的清洁饮水，且必须每餐检查兔的食欲。如发现食欲下降时，应酌情喂给青饲料，以促进食欲。

（4）优良品种肉兔的生长速度一般为早期生长快，到8周龄时达到高峰，9周龄以后就显著减慢。因此，饲养商品肉兔在2.5~3月龄时出售最适宜。

159. 养兔场一天的作息时间如何安排？

兔场的日常工作安排，应根据肉兔的生物学特性及每个兔场的具体情况灵活掌握。为了便于养兔者做好饲养管理工作，特拟定规模兔场作息时间表（表 6.1）供参考。此表适用于春秋季节，夏季提前半小时到 1 小时，冬季错后半小时到 1 小时。

表 6.1　规模兔场作息时间安排

时间	项目	内容	备注
7：00	兔群检查	兔舍温度、湿度、空气新鲜度、兔群精神、粪便状态、死亡、分娩和母兔发情、供水系统和饲槽内的剩料情况	每天早晨喂兔之前先检查
	喂料	根据肉兔的大小和生理阶段添加不同饲料和数量	注意肉兔的食欲和饲槽内的剩料
	加水	先倒掉剩水，再加清洁水	定期消毒
	喂奶	实行母仔分养的兔场，此时将产箱放在母兔笼中，并监护喂奶	母兔和仔兔对号入座
	卫生	清理兔舍粪便及笼具等，然后加水冲刷	注意空气新鲜程度，及时打开窗户
9：00	配种	给发情的母兔配种，如果实行人工授精，则按计划采精和输精	采取本交时每天1次，人工授精每周或10天1次
	摸胎	对配种达 8 天以上的母兔摸胎检查	
	仔兔管理	整理产箱，检查仔兔发育情况；仔兔打耳号、断奶等	
	免疫	疫苗接种（兔病毒性出血症每年 2～3 次，20～35 天初免，60 天加强免疫）	按计划定期进行，并做好记录
	补料	对仔兔和泌乳母兔增加 1 次喂料	
	病兔处理	对病兔进行隔离、治疗，病兔的笼具及污染的场所等进行消毒	
	消毒	一般每 1～2 周 1 次，疫病流行期间每天 1 次	不同消毒药物交替使用

续表

时间	项目	内容	备注
15：00	复配	对上午配种的母兔再配种一次	
	管理	给仔兔和泌乳母兔补料及完成上午未尽事宜	
16：00	喂料	第二次大群喂料	
17：00	整理	整理一天的记录，填写有关表格	此时，大型兔场应将资料汇总
	其他	安排会议，在无会议的情况下饲养员自学	兔场统一发放有关学习资料
20：00	饲喂	全群喂料	
	饮水	对水盆缺水的加水	
	检查	对全群进行一次检查	
	关灯	离开兔舍时要关闭电灯	

160. 春季肉兔饲养管理有哪些要点？

（1）搞好春繁。春季气温回升，青饲料日益丰富，公兔性欲旺盛，母兔发情正常，是肉兔繁殖的最佳季节。此时配种受胎率高，产仔数多，仔兔发育良好，体质健壮，成活率高。无冬繁条件的兔场，春繁要及早开始配种，3 月上旬配种结束。采用频密繁殖法，连产 2~3 胎后再行调整，所产仔兔秋后利用。利用复配法可提高种公兔的应用效果，提高母兔受胎率和产仔率。

（2）抓好饲料关。春节青草逐渐萌发生长，饲料由原来的干草转换为青草，兔易因贪食而引起腹胀腹泻。因此，换青草必须逐渐过渡。同时注意饲料的品质，不喂霉烂变质或夹带泥浆、堆积发热的青饲料，不喂烂菜叶等。青饲料的饲喂上要注意先少后多。在阴雨潮湿天气要少喂青绿饲料，适当增喂干粗饲料。雨后收割的青绿饲料要晾干后再喂。饲料中最好拌少量大蒜、洋葱等杀菌、健胃饲料。母兔早春饲料应喂些富含维生素的饲料，如

谷芽、麦芽、豆芽等，有利于促进发情和提高受胎率。

（3）防春季寒潮。春季气温极为不稳定，尤其是3月，时有寒风和雨雪，极易诱发肉兔感冒和肺炎，特别是冬繁幼兔刚断奶，更是容易发病死亡，故要精心管理，严加防范，注意兔舍保温和通风及疾病的防治。

（4）搞好卫生及防疫工作。保持笼舍清洁卫生，做到勤打扫、勤清理、勤洗刷、勤消毒，经常对兔群进行健康检查。及时注射兔瘟疫苗，做好对巴氏杆菌病的预防工作。

161. 夏季肉兔饲养管理有哪些要点?

夏季的气候特点是高温多湿。肉兔因汗腺不发达，常因天气炎热而引起食欲减退、抗病力降低，尤其对仔、幼兔威胁较大。此时是最难饲养的季节之一，故有“寒冬易度、盛夏难养”之说。

（1）防暑降温。夏季养兔的中心环节是防暑降温，应采取综合措施。兔舍应保持阴凉通风，不能让太阳光直接照射到兔笼上。露天兔场要及时搭建凉棚，在兔舍四周提前种植藤蔓植物如丝瓜、葫芦及葡萄等遮阴。向阳墙面可刷成白色。幼兔群养应降低密度。当兔笼内温度超过30℃时，可在地面泼水降温，但要避免高温高湿。室内笼养时可安装湿帘、排风扇等设备，以保持空气流通，温度适宜，防止肉兔中暑。要供给充足的饮水并保持水槽的清洁，最好安装自动饮水器，保证时时都有清洁的饮水。可在饮水中加入1%~2%的食盐，以补充体液和防暑解渴；也可在饮水中加入0.01%的高锰酸钾，以防消化道疾病。

（2）调整作息时间。由于白天特别是中午、下午天气炎热，肉兔采食量减少。因此，要调整作息时间，早餐趁凉早喂，中午多喂青绿饲料，多供饮水，晚餐迟喂。应把每天喂料量的80%集中在早、晚喂给，以减少日间的采食量和活动量。

（3）搞好卫生，控制繁殖。夏季蚊蝇滋生，鼠类活动频繁，所以要消灭蚊蝇，堵塞墙洞。食槽及饮水器应每天清洗 1 次，地面经常用消毒药喷洒；饲料要防止发霉变质。高温季节要停止配种繁殖，保护好公兔，可将公兔放养在凉爽的窑洞、地窖等地方。

162. 秋季肉兔饲养管理有哪些要点？

秋季气候转凉，饲料充足且营养丰富，是种兔繁殖和商品兔育肥的好季节。秋季的饲养管理重点是抓好秋繁。

（1）抓好秋繁和育肥。秋季是肉兔的又一个繁殖黄金季节。入秋前应加强饲养管理，以使刚过盛夏而体质瘦弱的肉兔恢复体力。可在 8 月中旬进行配种繁殖，保证秋季繁殖 2 胎，并实行复配法，以提高配种受胎率。对商品兔要加料催肥。

（2）搞好疾病的防疫。秋季早晚温差大，是兔疾病多发季节，特别是幼兔容易患感冒、肺炎、肠炎等疾病。从饲养管理入手，加强常见病、寄生虫病，尤其是球虫病等的防治；做好兔瘟、巴氏杆菌病、魏氏梭菌病等传染病的免疫接种工作。

（3）加强选种和草料贮备。春繁的后备兔，在秋季要选定，选择繁殖力强、后代整齐的肉兔继续留作种用。选留优良后备兔用以补充种兔群。及早淘汰生产性能差或老、弱、病、残的肉兔。秋季又是农作物收获季节，饲草结籽，树叶开始凋落，应及时收贮藤蔓、树叶、豆荚等饲草，准备过冬饲料。若采收过晚，则茎叶老化，粗纤维含量增加，可消化养分降低，影响其饲用价值。作物秸秆、块根、块茎等饲料的收贮，也是很重要的。

163. 冬季肉兔饲养管理有哪些要点？

冬季气温较低，日照时间短，青绿饲料缺乏，给养兔带来一定困难。冬季饲养管理的重点是做好防寒保温和冬繁冬养工作。

（1）做好防寒保温工作。冬季气温低，兔舍温度要求相对稳定。兔舍要封闭好门窗，挂门帘，堵风洞，防止贼风侵袭。北方可在门窗外钉一层塑料布保暖，因地制宜通过土暖气、太阳能等办法保暖。室外养兔时，笼门上应挂好草帘，以防寒风侵入；或搭置简易的塑料大棚，既保暖又挡风。

（2）加强饲养管理，适当加料。冬季肉兔体能消耗较高，饲料喂量应比其他季节增加20%～30%。饲料中营养水平要保持较高的能量水平，提高能量饲料的比例，如玉米、大麦、高粱等。为防止维生素缺乏，要补喂青绿饲料如菜叶、胡萝卜、大麦芽等富含维生素的饲料。粉料要加入少量豆渣或糠麸，用温水拌湿后再喂。并做到少喂勤添，以防饲料结冰。冬季夜长，要注意夜间补给饲料。仔兔产箱应勤换垫草，保持干燥。不论大小兔均应在笼内铺垫少量干草，以防夜间挨冻。冬季饲喂干草多，要供给温水。

164. 正确的捕捉兔的方法是怎样的？

不少养兔户的饲养人员习惯于用抓耳朵的方法捕捉兔，这是不对的。因为兔的耳面较大，耳骨较软，不能承受其全身重量，尤其是大型兔。兔耳上神经密布，血管很多，提起两耳时，兔因疼痛而挣扎，往往会损伤耳部，有时还会造成出血或耳部裂痕。兔的腰部也不宜抓捕，因为抓兔腰部时，不但会损伤其内脏，还可能使兔发生脑充血，甚至死亡。特别是体重较大的兔子，如果抓起身体的任何一部分表皮，都会使皮肤与肌肉分离，对其健康和生长发育不利。

正常的捕捉法是不使兔受惊，先用手在兔的头部顺毛抚摸，待安静后不再奔跑时，抓住两耳及后颈相连接的颈背部皮，然后轻轻提起，并迅速用另一只手托住兔的臀部，这样既可减少对颈皮的拉力，又可避免伤害兔体，也可防止兔爪抓伤人，保证兔体和饲养人员的安全。

165. 如何进行公、母兔的鉴别?

（1）初生仔兔的性别区分。主要根据外阴部孔洞的形状、大小及距离肛门远近来区别。公兔的阴孔呈圆形，稍小于其后面的肛门孔洞，距离肛门较远，大于一个孔洞的距离。母兔的阴孔呈扇形，其大小与肛门相似，距离肛门较近，约一个孔洞或小于一个孔洞的距离。

（2）断奶幼兔性别区分。可将幼兔腹部向上，用手指轻轻按压小兔阴孔，使之外翻。公兔阴孔上举呈圆柱状，即“O”形；母兔阴孔外翻呈两片小豆叶状，即“V”形。

（3）性成熟前的肉兔的性别区分。可通过外阴形状来判断。一手抓住耳朵和颈部皮肤，另一手食指和中指夹住尾根，拇指往前按压外阴，使黏膜外翻，呈圆柱状上举者为公兔；呈尖叶状，下裂接近肛门者为母兔。

（4）性成熟的后肉兔的性别区分。性成熟的公兔阴囊已经形成，睾丸下坠入囊，按压外阴即可露出阴茎头部。

166. 如何进行年龄鉴定?

对兔群进行鉴定，以决定种兔的选留和淘汰，判断其年龄是非常必要的。常用的方法是根据兔的精神、牙齿、被毛和脚爪等综合判断兔的年龄。

（1）青年兔（6个月至1.5岁）：眼睛圆而明亮凸出。门齿洁白短小，排列整齐。趾爪表皮细胞细嫩，爪根粉红。爪部中心有一条红线（血管），红线长度与白色（无血管区域）长度相等，为1岁左右；红色多于白色，多在1岁以下。青年兔爪短，藏于脚毛之中，平直，无弯曲和畸形。皮肤薄而富有弹性。行动敏捷，活泼好动。

（2）壮年兔（1.5~2.5 岁）：眼睛较大而明亮。趾爪较长稍有弯曲，白色略多于红色，牙齿呈白色且排列整齐，表面粗糙。皮肤较厚，结实紧密，行动灵活。

（3）老年兔（2.5 岁以上）：眼皮较厚，眼球深凹于眼窝之中。趾爪粗糙，长而不齐，向不同的方向歪斜，有的断裂，大半露于脚毛之外。门齿大而厚且较长，颜色发黄，排列不整齐并时有破损。皮厚、松弛，行动缓慢，反应迟钝。

要想准确知道兔的年龄必须查找种兔档案，因为营养条件、种兔的品种、环境条件等不同，兔的外表有所差别。而靠以上方法只能做出初步判断。

167. 怎样调教有恶癖习性的兔子？

有些肉兔有一定的恶癖，如咬人、咬架、乱排粪尿、拒绝哺乳等。只要采取适当的方法，是可以调教的。

（1）咬人兔的调教。有的兔当饲养人员饲喂或捕捉时，先发出“呜”的示威声，随即扑过来，或咬人，或用爪挠人，或仅仅向人空扑一下，然后便躲避起来。这种恶癖，有的是先天性的，有的是管理不当形成的，如无故打兔、逗兔、兔舍过深过暗等。对这种肉兔的调教，要建立人兔的亲和关系，将其保定好，在阳光下用手轻轻抚摸被毛和颜面，并以可口的饲草饲喂，以温和的口气与其“对话”，不再施以粗暴的态度。经过一段时间后，恶癖便能改正。

（2）咬架兔的调教。当母兔发情时将其放入公兔笼内配种，而有的公兔不分青红皂白，先扑过去，猛咬一口。这种情况多发生在双重交配时，在前一只公兔的气味还没有散尽时便将母兔放进另一只公兔笼中，久而久之，便形成了咬架的恶癖。对这种公兔可采取互相调换笼位的方法，使其与其他种公兔多次调换笼位，熟悉更多的气味，如果仍然不改恶习，则采取在其鼻端涂擦大蒜汁或清凉油予以预防。

（3）拒哺母兔的调教。有的母兔无故不哺育仔兔，有的母兔因为人用手触摸了仔兔而不再哺乳，一旦将母兔放入产箱便挣扎着逃出。对于这种母兔，可用手多次抚摸其被毛，让其熟悉饲养人员的气味，使之安静下来，然后将其放在产箱里，在人的监护和保定下给仔兔哺乳，经过几天后即可调教成功。

如果因为母兔患了乳腺炎、缺乳，或因环境嘈杂，母兔曾在喂奶时受到惊吓而发生的拒绝哺乳，应有针对性地予以防治。

168. 公兔去势方法有哪几种？

给育肥公兔去势，既能提高生长速度，又可提高肉质，具体方法有以下三种。

（1）扎线法。将公兔睾丸挤到阴囊中，再在精索处用尼龙线扎紧，或用橡皮筋套紧。两侧睾丸分头进行，切断睾丸血液供应，几天后结扎的睾丸便枯萎脱落，达到去势目的。

（2）刀割法。使公兔腹部朝上，四肢分开固定，将睾丸由腹腔推入阴囊并用手捏住防止回抽，用碘酊消毒切口处，然后用消毒手术刀片或刮脸刀片，在阴囊中线处顺阴囊方向做一纵向切口，再将睾丸用力挤出。如果是成年大公兔，由于血管较粗，为防止流血过多，可采用捻转止血法止血，也可先进行结扎然后切断精索。用同样的方法摘除另一侧睾丸，最后在切口处用碘酊消毒，切口不必缝合。手术后将兔放于干燥兔舍内，垫上柔软干草，防止伤口感染。一般 5~6 天伤口即可愈合。幼兔最好在 3 月龄左右性成熟前去势。实践证明，刀割法去势伤口愈合快，去势效果好，痛苦小。

（3）药物法。用3%碘酊注入睾丸，每只睾丸 0.5~1 毫升。注射后睾丸肿胀，半个月后逐渐萎缩消失。此法适用于性成熟后睾丸下降到阴囊中的较大公兔。应该注意：一定要将药液注射在

睾丸正中，药液注射在睾丸外时可引起公兔死亡。

169. 妊娠母兔的营养需要有何特点?

母兔的妊娠期为 30~31 天。根据怀孕的时间长短分为早期、中期、末期，现将各期的饲料营养要求分述如下。

（1）早期。胚胎期，指怀孕后的 1~12 天。此期由于胚胎较小，增长的速度较慢，故需要的热量和营养物质与正常兔相同，一般不需要给母兔准备特别的饲料。但是，妊娠时期，孕兔有食欲减退的妊娠反应，在这个阶段应调配些适口性好的饲料，原则上应富于营养，容易消化，量少质优，防止过饱。

（2）中期。胎前期，指怀孕后 13~18 天。这个时期胎儿生长发育逐渐加快，需要各种营养物质，此间母兔的基础代谢可比正常兔增加 12%~22%。这个时期除要增加饲料的供给量之外，还要注意提高饲料的质量，应补充热量，营养要丰富，要给予易消化的饲料。除不断喂些青绿饲料外，还需补充鱼粉、豆饼、骨粉等。如果母兔营养不良，则会引起死胎、产弱仔、胎儿发育不良及造成母兔缺奶，仔兔生活力不强，成活率低。

（3）末期。胎儿期，指怀孕后 19~30 天。在这个时期胎儿的发育日趋成熟，对各种营养物质的需求量更多。此期间妊娠母兔对营养物质的需求量相当于平时的 1.5 倍。要注意饲料的多样化，营养要均衡。要注意钙、铁、磷等微量元素的补充。要按科学饲料配方进行全价饲喂。

在饲料供应上，不要喂发霉、变质、冰冻、污染、有毒以及其他对母兔和胎儿有害的饲料。要避免做不正常的妊娠检查和频发的捕捉母兔。母兔临产前 2~3 天，多喂些青绿多汁饲料，适当减少精料。

170. 妊娠母兔的护理要点有哪些？

饲养管理好妊娠母兔的目的，在于保证胎儿的正常发育，避免因饲养管理不当造成滑胎和死胎现象。

母兔的妊娠期平均为31天，变动范围30~32天。一般产仔多的常提前，产仔少的常错后，妊娠期与产仔数呈负相关。妊娠母兔对营养的要求，随着怀孕的天数增加而逐渐加多，特别是在怀孕后期不但需要的量大，营养水平也相应要高一些。日粮中矿物质饲料和维生素饲料供应不足，不仅影响胎儿的正常发育，也会引起母兔产后泌乳不足。

在妊娠母兔的管理上，最关键的问题就是保胎，防止流产。兔舍应保持清洁安静，突然的尖叫、轰鸣都可引起母兔惊慌，导致流产。随意捕捉恐吓也会引起流产。为避免拥挤造成流产，怀孕半个月后的母兔应单独饲养。

妊娠母兔在产前2~3天，应将饲料量减少3~5成，但每天投喂的次数可以增加。母兔在临产时，拒绝采食，阴部红肿，将腹部及乳房附近的毛拉下，铺在窝内。有的初产母兔不知拉毛，只要人工帮它拉一下，它就会学会。也有少数母兔，人工帮助拉毛后仍不拉毛，产前应将其乳头周围的毛人工拔下。拉毛能刺激泌乳，使仔兔容易找到乳头。怀孕母兔分娩多在早晨和夜间进行。母兔产后自动咬破胎衣，吃去胎盘，咬断脐带，舔净身上的血迹黏液，一般在20分钟内可全部产完。产后母兔急需喝水，这时最好供给加入少量食盐的温水。在母兔分娩后，要检查产箱，把污毛和血草清除，清点仔兔，如发现死兔，应立即清除，并把健康仔兔用毛盖好。

171. 妊娠母兔分娩前应做好哪些准备工作？

兔子的孕期很短，所以当母兔怀孕15~20天时，便可开始

准备产前工作，主要在于用品用具、环境的准备。具体操作如下：

（1）将母兔兔笼移至光线较暗、隐秘且安静的地方。

（2）将母兔兔笼清洗干净，并准备母兔产房（木箱或塑胶箱）及较多的牧草及垫料，供母兔做窝使用。

（3）母兔兔笼要够大，能让母兔活动，且不易踩到仔兔。

（4）若母兔兔笼为有铁丝底盘，建议抽出铁条底盘或在底盘上铺上旧衣服或布，这是为了防止仔兔受伤或因底盘凉致仔兔体温降低而死亡。

（5）母兔会自己决定做窝的地点，通常在兔笼的某个角落，可将生产前母兔做好的巢放入产房，再将产房放置到母兔选定的位置。当接近生产时，母兔会拔脖子、腹部、躯干上的毛及收集牧草垫料做窝。幼兔出生时全身赤裸，母兔做窝的目的是能够保护幼兔，因此，绝对不可把母兔拔下来的毛清掉。

172. 怎样做好人工辅助哺乳？

开始可以用棉花棒蘸奶，反复伸缩放进仔兔口腔，以刺激它做吮吸动作，习惯后可用注射器针筒慢慢给予。

每次喂完奶后，要轻轻按摩腹部或排泄处以促进排泄。15日龄时就可尝试让小兔从碗里吃奶或吃固体食物。

请用兔（这点在大陆恐怕做不到）或猫的代乳粉（有的宠物医院或商店有售）冲泡，每天约喂3次，每次喝到足量，即肚子有点鼓鼓的。

173. 肉兔催肥技术饲养管理要点有哪些？

传统的养兔主要以笼养为主，在肉兔催肥生产中笼养成本较高，限制了肉兔的生产，采用群养的方式催肥，效果较好。现将要点介绍如下，供养殖户参考。

（1）分群前准备。

1）驱虫：肉兔催肥前应先进行驱虫。方法是在第1天下午和第2天早上分别喂给丙硫苯咪唑，每千克体重用10毫克。

2）去势：为促进肉兔生长发育和防止兔在育肥期间配种，应在催肥前对公兔去势。去势方法见168问。

3）接种：育肥前应根据兔群情况，每只兔注射兔瘟－巴氏杆菌二联苗1毫升。

（2）分群。

1）合理的密度。育肥兔应限制运动，因此在实践中应增加密度，可以成年兔6~8只/米^{2}为宜，每群以20~30只为宜，这样便于管理。

2）公、母兔分群。分群时最好能将公、母兔分开饲养，这样有利于饲养管理和促进肉兔的生长发育。

3）弱强分群。同一群中，体重、体质应尽量均等，这不仅有利于兔的生长发育，也可在一定程度上防止兔群争斗。

4）同窝合群。分在同一群的肉兔应尽量是同窝仔兔，如果不是同窝合群，也应选择日龄相同的肉仔兔并群。

（3）加强育肥兔的饲养管理。

1）加强营养。育肥兔的营养需要应得到充分的满足。消化能应达10 450千焦/千克、粗蛋白质应达到16%。具体可参考下列配方：优质干草粉50%、玉米23. 5%、大麦10%、麸皮5%、豆饼10%、食盐0. 5%，添加剂1%，有条件的可按上述配方制成颗粒料。

2）定时定量。育肥兔定时定量饲喂，可促进其对饲料的消化和吸收，防止发生胃肠道疾病。一般来讲，育肥兔每天应喂3~4次，晚上应喂全天量的50%，早上喂全天量的30%，中午喂20%，断奶后7天内为50克，以后逐渐增加，直至150~200克为止。

3）加喂夜食：肉兔有昼寝夜行的习性，故在饲养上应加喂夜餐，白天尽量让其休息。若夜间不喂，则晚餐增加饲喂量，以满足其昼伏夜出的生活习性。

（4）加强育肥兔群的管理。

1）全进全出。肉兔群养必须实行全进全出，这不仅有利于饲养管理，而且也有利于防止兔群发病，提高成活率和育成率。

2）搞好卫生。兔喜干燥，爱清洁，因此应每天打扫兔笼、清除粪便、洗刷饲具，保持兔舍用具清洁卫生，预防疾病发生。

3）定期消毒。育肥肉兔的体质一般较弱，抗病力较差，因此应根据实际情况，每3~7天带兔消毒一次，每15~30天对兔舍周围环境进行消毒，以便有效地杀灭病原微生物，防止兔群发病。

4）保持环境安静。肉兔胆小易惊，遇有异常响动则竖耳细听、惊慌失措、四处逃窜，这对兔的育肥极为不利，故在管理上应保持安静。

5）做好防暑防寒工作。育肥兔最适宜的环境温度是15~25℃，因此，夏季高温时应做好防暑工作，兔舍内最好安装排气扇，兔舍所有门窗全部打开，兔舍周围多植树，种上藤蔓蔬菜等进行遮阳。严寒的冬季要加强保温工作。

七、肉兔高效生产疫病防治技术

174. 兔病发生的主要原因有哪些？

引起兔病的主要原因一般可分为外界致病因素、内部致病因素等两大类。

（1）引起兔病发生的外界因素。主要指存在于外界环境中的各种致病因素，可分为生物性、化学性、物理性、机械性和管理性五大类。

1）生物性致病因素。包括各种病原微生物（细菌、真菌、病毒、螺旋体等）和寄生虫（如原虫、蠕虫等），主要引起传染病和寄生虫病。如兔瘟、兔痘、兔巴氏杆菌病、兔球虫病等，对养兔业威胁较大，可以给养兔场造成严重损失。

2）化学性致病因素。主要有强酸、强碱、重金属盐类、农药、化学毒物、氨气、一氧化碳等化学物质，可引起中毒性疾病。如有机磷中毒、食盐中毒、亚硝酸盐中毒等。

3）物理性致病因素。指高温、低温、电流、光照、噪声、气压、湿度和放射线等，这些因素容易造成冻伤、中暑等。

4）机械性致病因素。包括锐器及钝器的打击、机体的振荡等机械性因素，可引起机体和组织的损害，如外伤、骨折等。

5）营养和管理因素。饲养管理不当和饲料中各种营养物质不平衡，常可引起兔病的发生。

（2）引起兔病发生的内部因素。主要是指兔体对外界致病因素的感受性和对致病性的抵抗力。机体对致病因素的易感染性和防御能力与机体的免疫状态、遗传特性、内分泌状态、年龄、性别和兔的品种等因素有关。免疫功能下降，容易引起感染性疾病，如兔病毒性出血症等疾病的发生；遗传因素的异常引起兔的癫痫等遗传疾病的发生。不同年龄的兔对同一致病因素的易感性不同，如兔病毒性出血症主要危害青年兔和成年兔，幼兔特别是哺乳幼、仔兔仅有少数易感。

175. 兔病发生的一般特点有哪些？

认识和掌握兔病发生的规律，有助于防治工作的开展，特别是能够主动地做好预防工作，兔病的发生受许多因素的影响，如年龄、性别、季节及其他动物疾病的传入等，饲养者应掌握这些规律，做到心中有数，有的放矢。

（1）兔病与年龄的关系。年龄的差异主要表现在多发和常发疾病的不同。幼兔特别是刚离乳的幼兔，由于消化系统发育不完全，防御屏障功能尚不健全，易患胃肠道疾病；老龄兔由于代谢功能与免疫功能的减退，体质下降，发病率也较高，抗病力弱。

（2）兔病与性别的关系。母兔疾病相对比公兔多，由于母兔要繁殖仔兔，所以产科疾病占一定比例，如流产、乳腺炎等。

（3）兔病与季节的关系。不同季节，兔的多发病、常发病和发病率的种类也不同，如 1~3 月气温明显下降，各种传染媒介（苍蝇、蚊子等）及病原体的繁殖均受到一定限制，发病就较少，此期传染病暴发也较少见，但由于天气寒冷，容易引起感冒和肺炎（多散发）；4~6 月为兔的产仔季节，发病率相对增高；7~9 月是酷暑盛夏季节，各种病原微生物活动猖獗，而且饲料容易腐败变质，易发生中暑、中毒及各类胃肠炎等疾病，是容易发生传染病的季节，所以必须加强饲养管理和卫生防疫工作；10~12月做好饲养管理和加强防寒保温工作，发病率明显下降，是繁殖仔兔的好季节。

176. 怎样进行兔的健康检查？

临床症状检查就是通过视诊、触诊、叩诊、听诊、嗅诊等方法对病兔进行详细的客观检查。

（1）体况和营养状态。体况和营养是兔健康好坏及疾病过程的具体表现。健康兔体躯各部均匀，肌肉丰满，骨骼不外露，用手触摸背脊骨，背肉丰厚，不易分辨背骨。病兔表现为消瘦，皮包骨头，用手触摸脊柱骨凸起似算珠，两旁凹削时则可能患寄生虫病或慢性疾病，如球虫病、肝片吸虫病、伪结核病、结核病、慢性巴氏杆菌病、慢性波氏杆菌病、腹泻及疥螨病等。同时也可能是日粮营养不平衡或饲养管理方法不当所致。

（2）姿势。健康兔走动、站立、躺卧姿势自然而协调，姿势异常则表现患病。若站立时两脚频频交换负重，则可能患疥螨或脚皮炎；歪头可能患巴氏杆菌性中耳炎、兔脑炎原虫病、葡萄球菌病、绿脓杆菌感染、耳螨病、维生素A缺乏症、维生素E缺乏症、李氏杆菌病、链霉素中毒、遗传性疾病等；转圈可能患李氏杆菌病；前肢拖着后肢则表明背部骨折、后肢骨折或产后瘫痪；痉挛可能患有脑膜脑炎、中暑、钙缺乏症、镁缺乏症、维生素A缺乏症、有机磷农药中毒、呋喃唑酮中毒、食盐中毒、急性巴氏杆菌病、脓毒败血型葡萄球菌病、病毒性出血症、李氏杆菌病、球虫病及某些遗传病等；兔频频舔拭肛门，可能患有栓尾线虫病；整个兔体倔直可能患破伤风。

（3）被毛。健康兔被毛平顺浓密，有光泽而富弹性。除了换毛季节外，如被毛粗糙蓬乱、稀疏、暗淡无光、污浊，均是营养不良或患病的表现，如腹泻病、寄生虫病、慢性消耗性疾病

等。如被毛脱落并呈灰色麸皮样结痂，可能患毛癣病或疥癣病。兔颌下、胸部、前爪被毛湿润则可能患溃疡性齿龈炎、齿病、传染性水疱性口炎、发霉饲料中毒、有机磷农药中毒、大肠杆菌病、坏死杆菌病等。

（4）皮肤。皮肤致密结实而富有弹性是健康兔的表现。检查时应查看皮肤颜色及完整性，并用手触摸身体各部位有无脓肿，光滑与否。鼻端、两耳背及边缘、爪等处被毛脱落，并有麸皮样的结痂物，可能患疥螨病。腹部、背部或其他部位皮肤凸出表现脓肿，可能患葡萄球菌病。母兔乳头周围皮肤呈暗紫色或有脓肿，可能患乳腺炎。如公兔睾丸皮肤有糠麸样皮屑，肛门周围及外生殖器官的皮肤有结痂，可能患梅毒。如阴囊水肿、包皮、尿道、阴唇出现丘疹，则可疑为兔痘。母兔流产，并从阴道内流出红褐色的分泌物，则疑为李氏杆菌病。口腔、下颌部和胸前部皮肤坏死并有恶臭，可能患坏死杆菌病。另外注意有无外伤。

（5）眼睛。健康兔的眼睛圆而明亮，活泼有神，眼角干净无脓性分泌物。如眼睛呆滞，似张非张，反应迟钝，则为患病或衰老的象征。如眼睛流泪或有黏液、脓性分泌物，精神萎靡，可能患慢性巴氏杆菌病、结膜炎。如果兔子眼睛像牛的眼睛那样圆睁而凸出，则为“牛眼”畸形，应淘汰。眼结膜颜色呈潮红、苍白、发绀、黄染等症状，均为患病的表现。如结膜苍白，多为急性肝、脾大出血或严重的消耗性疾病；黄染、肌体消瘦可能患肝片吸血病、球虫病等；结膜发绀，多因热性传染病如巴氏杆菌病所致。

（6）耳。正常耳朵应直立且转动灵活。如下垂则可能因抓兔方法不当或受外伤、冻伤所致。耳壳内应清洁，耳尖耳背无结痂，如耳内有结痂则可能患痒螨或中耳炎。健康的白色兔耳色粉红。如用手握住感觉过热，耳呈红色，则为发热；用手握住感觉发凉，耳色青紫，则可能患有重病。

（7）体温。兔正常体温为38.5~40℃，平均为39.5℃。排除生理因素（如年龄、性别、品种、营养、生产性能、活动）的影响后，体温升高或降低均为患病的表现。测体温对早期诊断和群体检查很有意义。

（8）呼吸系统。呼吸系统健康，兔鼻孔干燥，周围的毛是洁净的；如果鼻孔不洁，有鼻液流出或者打喷嚏，呼吸急促和有鼾声等，可能患呼吸道病，如巴氏杆菌病、波氏杆菌病等疾病。鼻孔内流出混有血液的泡沫则可能患兔瘟。容易导致兔流鼻液的疾病还有感冒、肺炎双球菌病、克雷伯菌病、绿脓杆菌感染、霉形体病、李氏杆菌病、沙门杆菌病、弓形虫病、兔痘、葡萄球菌病、溃疡性齿龈炎、敌鼠钠盐中毒、安妥中毒、中暑等。

（9）食欲。食欲好坏是兔健康与否的重要标志。健康兔一般食欲旺盛，喂料时表现出急于求食，即在笼内跳来跳去，若打开笼门就伸出头来寻食。对于正常喂量的饲料可在15~30分钟吃光。如果表现呆滞或蹲缩在兔笼一角，不与其他兔抢食或走到食槽前想吃又不想吃，则表明已患病。排除饲料、饮水质量的情况下，充满着的食槽和饮水往往提醒人们兔子已患病。同时要注意有无饮水、水是否变质、是否有流涎现象、门齿是否整齐或过度生长。饮水量过多也是很多疾病的表现。如兔子在食欲减退或废绝的情况下，饮水量却大增，表明兔体温升高或食盐中毒。

（10）腹部。主要观察腹部容积的大小。除妊娠后期外，一般无增大现象。发生胀肚可能患球虫病、结肠阻塞。食欲减退，触摸胃有大而充满食物之感，可能患毛球病。如腹下部膨大，触诊有波动感，改变体位时，膨大部随之下沉，表明腹腔积液。如果触诊时，兔出现不安、闹动，腹肌紧张且有震颤时，表明腹膜有疼痛反应，多见于腹膜炎。腹围增大，盲肠大而软，可能患球虫病、大肠杆菌病等。盲肠内有硬结，可能是盲肠秘结。

（11）粪便。观察粪便形状是诊断兔病的重要内容之一。正

常的兔粪便如豌豆大，光滑均匀。如粪便干、硬、小或粪量减少甚至停止排粪，则可能是消化不良或便秘。粪便变形，但性质没有变化，可能是因饲养管理不当所致；粪便变稀，成堆呈酱色，可能是饲喂霉变饲料等有毒饲料所致；粪便稀且带有黏液、奇臭，可能患细菌性疾病，如大肠杆菌病、沙门杆菌病、魏氏梭菌病等；粪便变性，带有黏液呈顽固性腹泻，可能患寄生虫病，如球虫病。

（12）尿液。检查尿液时要注意排尿量（正常情况下，成年兔每千克体重每昼夜为 130 毫升）、次数、相对密度、pH 值（一般为 8.2）、排尿姿势、尿液颜色（幼兔尿无色清亮，成年兔尿微混浊淡黄色，这是尿中含有多量钙和黄尿素所致）及内含物等情况。排尿次数增多，甚至出现尿频和尿淋漓，或尿中带血，尿液有氨味，可能患膀胱炎、尿结石；排尿次数减少，尿色深，相对密度大，沉渣增多是急性肾炎、下痢的表现。尿液呈酱油色，可能患豆状囊尾蚴病、肝片吸虫病、肝硬化等。长期血尿但无疼痛感，可能是肾母细胞瘤；排尿疼痛是尿路有炎症的表现；尿闭则可能患膀胱麻痹、括约肌痉挛、尿道结石等症；尿失禁可能是腰荐脊柱损伤或括约肌麻痹的表现。

尿液颜色与饲料种类、服用某些药物等有关，应注意加以区别对待。

177. 肉兔常用的免疫程序是什么？

兔病应以预防为主，对于主要传染病必须进行免疫预防，提出如下免疫程序供参考。

（1）仔、幼兔免疫力的建立。

25~28 日龄，大肠杆菌多价灭活疫苗 2 毫升，皮下注射。

30~35 日龄，巴氏杆菌–波氏杆菌二联灭活苗 2 毫升，皮下注射。

40～45 日龄，兔瘟灭活苗 1 毫升，皮下注射。

50～55 日龄，魏氏梭菌病灭活苗 2 毫升，皮下注射。

60～65 日龄，兔瘟单联或含兔瘟联苗 1 毫升，皮下注射。

（2）青、成年兔免疫程序。一年 2 次或 3 次定期防疫，所有存栏青年兔、成年兔全部进行免疫注射。各疫苗注射间隔 3～5 天。对兔瘟、巴氏杆菌病、魏氏梭菌病、波氏杆菌病、大肠杆菌病、葡萄球菌病、沙门杆菌病等，用单联、二联、三联疫苗等均可。

（3）繁殖母兔。兔瘟防疫用苗用兔瘟灭活苗加倍用量，有利于幼兔获得较高水平的母源抗体。其他病预防同前。

（4）种公兔等。按疫苗常用量使用。

178. 病兔的综合防治措施有哪些？

（1）兔场的选择和建筑要求。一般要求兔场要建在地势高、向阳面、排水流畅、不易积水、地面平坦、干燥的地方，兔舍内设施便于消毒。兔场内不应建有其他畜舍，兔场要设有围墙，防止狗、猫及禽类动物进入。外人不准随意进入，入场时要经过严格消毒。

（2）舍内保持良好的卫生环境。

1）经常保持兔舍内的清洁、干燥和适宜的温度，防止舍温骤变。舍内阳光充足，空气清新，舍内空气流通，防止穿堂风和舍内潮湿。注意夏季防暑和冬季防寒，常年舍温保持在 15～20 ℃最适宜的温度。

2）每天要清扫兔笼、兔舍和产仔箱，清洗饲槽和饮水用具，及时清除粪尿，定期更换垫草，禁用潮湿和发霉的垫草。对清除的粪尿和污物，要在距兔舍 50 米外的偏僻处集中堆放，并经发酵处理，以杀死原虫和病原微生物。严禁随意乱抛和就近堆放。

3）在产仔前、调群和淘汰兔时，要消毒兔笼和产仔箱，以

及其他用具。

4）消灭舍内蚊蝇及鼠类。

（3）饲料卫生。

1）饲料及饮水一定要清洁，饲料要做到合理搭配，喂给全价优质饲料，做到定时、定量，禁止喂给有毒、化学药剂及粪尿污染的饲料和饮水，以及腐烂、冰冻的块根类和发酵、变质、有异味的饲料。

2）每当更换饲料时要逐渐改变，严防突变。开始时先少量投给新料，经5~7天适应之后，才能全喂新料。

（4）消毒。为了预防传染病和寄生虫病的发生，要建立严格的消毒制度，这是预防和减少疾病发生的一项重要措施。消毒方法很多，应根据具体情况采取不同方法。一般兔舍及运动场地面消毒，首先彻底清扫，然后用下列一种消毒药物喷洒：3%~5%来苏儿，3%~5%石炭酸，10%~20%石灰乳。此外，还有用草木灰、漂白粉及氢氧化钠溶液等消毒的。对兔笼、饲槽、水槽，用清水冲洗后，用消毒药浸泡或用喷灯烧，以及开水烫等方法，便可达到消毒目的。

（5）种兔场要坚持自繁自养。如需从外地引入种兔时，必须从健康兔场引入。进场后，不能马上入群，需经1个月的隔离观察，在观察期内确认无病，才准许放入群内饲养。

（6）按免疫程序进行预防接种。根据当前易发的疫病，已研制出多种疫苗，主要常用疫苗有：兔瘟疫苗、巴氏杆菌病疫苗、波氏杆菌病疫苗、魏氏梭菌病疫苗和沙门杆菌病疫苗等，这些疫苗有的是单联苗，有的是双联苗和多种混合疫苗。对兔进行预防接种最佳时间，第一次接种多在仔兔出生后30日龄时进行，一般免疫期为半年，第二次接种多在兔开始配种繁殖前进行，以后每年在春秋两季各接种一次。进行预防接种时，首先要看清疫苗使用说明，按规定要求使用。每次接种后，要进行登记，记录接种日期，疫苗名称，接种剂量，被接种兔号、年龄等，以便观察和掌握疫苗的预防效果和被接种对象的反应。

（7）进行健康检查。对兔子进行健康检查，是生产技术管理的一项重要工作，应做到定期（每周一次）和经常性相结合进行。在检查过程中发现病兔和有异常表现者立即隔离，并及时治疗或淘汰。对繁殖力差、发育迟缓和有恶癖的兔子应及时淘汰，只有这样才能建立健康优质的兔群。对兔子的健康状态一般直观检查主要包括：头部、被毛与皮肤、精神状态、体格发育与营养状况、四肢及脚部，以及粪便状态等。凡具备以下临床表现之一者，均可视为疾病状态：精神萎靡，情绪不安，背毛粗糙无光泽并有脱毛现象（非换毛期），机体运动受阻和失调，站立姿势不正，怕惊，常隐藏于笼内一角，耳色发青或紫红，食欲减退或拒食，眼睛暗淡无光、有时呈半闭状态，眼角有眼屎、结膜充血潮红、眼睑垂胀、角膜混浊，鼻干燥或有黏液脓性分泌物，打喷嚏，流涎，甩头，前肢脚爪抓搔两耳和笼底等。如发现有上述某种表现者，应立即进行详细检查，以便确认为哪种疾病所致，严重者采取隔离措施，对有治疗价值的应及时治疗，没有治疗价值的应立即淘汰。通过健康检查，能够做到及时发现病兔，并做到及时治疗和有效地控制疾病的加重和扩散。

做好兔病预防工作，防止疾病的发生，是当前保证兔生产的关键。做好兔病预防工作，必须采取综合性技术措施，防止那种头疼医头、脚疼医脚的生产被动局面，要始终树立“防重于治，预防为主”的生产观点，只有这样，才能保证兔生产的不断发展和提高。

179. 兔舍的消毒方法有哪些?

（1）地面的消毒。地面是兔舍小环境的重要组成部分，也是兔排泄粪便的场所，因此地面消毒很重要。每天应及时清扫粪便，地面可撒一些生石灰，经常保持兔舍通风、干燥、清洁卫生。定期喷洒消毒药物如来苏儿液或20%的氢氧化钠溶液。

（2）兔舍的消毒。引种前2~3天，应对兔舍进行彻底消毒，一般采用熏蒸消毒法，即取高锰酸钾25克，甲醛溶液70~100毫升，两者混合会发生剧烈反应，挥发到空气中的气体有强烈的杀菌消毒作用。熏蒸消毒应连续进行2~3次，引种前12小时停止使用。有条件的可在兔舍安置紫外线灯，紫外线有强烈的杀菌消毒作用，可持续照射5~6小时，停12小时，反复使用效果更好。

（3）笼具的消毒。

1）一般消毒（指笼具使用期间的带兔消毒）。按使用说明用百毒杀或水易净等按一定比例配制溶液，对笼具进行喷洒消毒，一般每3天喷洒1次。

2）彻底消毒（指引种前全舍消毒或把兔从笼内提出的不带兔消毒）。按使用说明用杀菌力较强的消毒液，如来苏儿、甲醛、氢氧化钠等，但应注意消毒后须放置2~3天再放兔。还可用喷灯火焰消毒，火焰应达到笼具的每个部位，火焰消毒数小时后便可放兔。彻底消毒一般1个月1次。

（4）水、食盒的消毒。一般每周消毒1次。将水、食盒从笼具上取下，集中起来用清水清洗干净，放入配制好的消毒液中浸泡30分钟，再清洗后晾干即可使用。

（5）产箱的消毒。对使用过的产箱应先倒掉里面的垫物，再用清水冲洗干净，晾干后，在强日光下暴晒5~6小时，冬天可用紫外线灯照射5~6小时，再用消毒液喷雾消毒后备用。

180. 兔场常用药物有哪几类?

兔场常用药物及其用途见表 7.1。

表 7.1　兔场常用药物用途表

剂型	药品	用途
片剂	敌菌净	治疗腹泻等
	诺氟沙星	治疗腹泻等
	大黄苏打片	助消化
	乳酶生	助消化
针剂	庆大霉素	全身性疾病、腹泻等
	卡那霉素	全身性疾病
	恩诺沙星	全身性疾病
	阿维菌素	螨病
	葡萄糖生理盐水	补液
	生理盐水	稀释液
粉剂	青霉素	全身性疾病、葡萄球菌病
	链霉素	全身性疾病
	土霉素	全身性疾病
	环丙沙星	全身性疾病
	恩诺沙星	全身性疾病
	地克珠利	球虫病
	氯苯胍	球虫病
消毒剂	百毒杀	喷雾消毒等
	二氯异氰尿酸钠	喷雾消毒等
	75%酒精	皮肤消毒
	氢氧化钠	浸泡消毒

181. 兔的给药方法有哪些?

（1）内服。

1）拌料自食：适用于毒性小、无不良气味的药物，按一定比例将药物拌入饲料或水中，任兔自由采食或饮用。

2）投服：适用于药量少、有异味的药物，或兔拒食时，由助手保定，操作者固定兔头并握着面颊使口张开，用筷子或镊子夹取药片送入口中，令其吞下。

3）灌服：适用于有异味兔拒食的药物。助手将兔保定好，操作者用汤勺或注射器、滴管将药液从口角缓缓灌入。注意千万不要误入气管。亦可用胃管插入食道直接送入胃中，切忌投入肺中。当发生便秘、毛球病时可用直肠灌药法，即将兔侧卧保定，将后躯抬高，用涂有润滑油的胶管或塑料管，插入肛门，进入直肠8~10厘米，将药液灌入，然后让其自然排出。药液的温度应接近体温。

（2）注射给药。该方法药量准确，兔吸收快。有皮下注射、肌内注射、静脉注射和腹腔注射等。

1）皮下注射。选颈部、肩前、股内侧或腹部皮肤松弛易移动的部位局部剪毛，用碘酊或酒精消毒后，将药液注入。该方法主要用于疫苗接种。

2）肌内注射。选臀肌或大腿肌肉丰满处，局部消毒，针头垂直刺入一定深度、回抽无回血后，将药液缓缓注入。注意不能伤及血管、神经和骨骼。

3）静脉注射。由助手保定兔，固定头部，先消毒耳朵外缘，然后用手指捏夹住耳尖，压迫静脉向心端，使耳静脉充血怒张；把针头以15°角刺入血管，并使针头平行进入血管一定深度，回抽见血后，缓缓注入药液。注完后拔出针头，用酒精棉球压迫针口防止出血。在注射前要排净注射器内的空气，以免形成栓塞死亡。注意油类药物不能静脉注射。

4）腹腔内注射。此方法可用于补充体液。注射部位任选腹部脐后，用碘酊或酒精棉球消毒。使兔后躯抬高或倒提后肢，然后向腹内进针；回抽无血液、无气体后即可注药。注意进针不能过深，以防损伤内脏。药量多时应加温，使其温度与体温相同。

5）气管内注射。在颈部上1/3正中线处摸到气管，消毒后将针头垂直刺入，回抽有气体后缓缓滴注药液。此方法用于治疗气管、肺等的疾病。

182. 如何防治兔的魏氏梭菌病？

魏氏梭菌病是由A型魏氏梭菌及其毒素所致兔的一种以剧烈腹泻为特征的急性、致死性肠毒血症。

（1）病原。魏氏梭菌即产气荚膜杆菌，一般可分为a、b、c、d、e、f六型。兔魏氏梭菌病主要由a型引起，少数为e型。

（2）病因。魏氏梭菌广泛存在于土壤、污水、粪便、低质饲料（如劣质鱼粉）及人畜肠道内。当卫生条件差，饲养管理不良，饲料突然改变、搭配不当、粗纤维不足时，兔肠道内环境发生改变，肠道正常菌群被破坏，一些有害菌（如魏氏梭菌等）大量繁殖，并产生毒素，使兔子中毒死亡。感染途径为消化道、皮肤和损伤黏膜等，一年四季均可发生，以春、秋、冬三季多发。各年龄兔均可发病，以幼兔和青年兔发病率最高。

（3）流行特点。各种年龄和品种的兔均可感染发病，以1～3月龄的幼兔较多发生，纯种毛兔和獭兔较易感染。发病不分季节。消化道是主要传染途径。

（4）临床症状。急性病例突然发作，急剧腹泻，很快死亡。有的病兔精神不振，食欲减退或不食，粪便不成形，很快变成带血色、胶冻样、黑色或褐色、腥臭味稀粪，污染后躯。病兔严重脱水，肠内充满气体，四肢无力，呈现昏迷状态，逐渐死亡。有

的病兔死前出现抽搐，个别突然兴奋，尖叫一声，倒地而死。多数病例从出现变形粪便到死亡约 10 小时。

（5）诊断要点。突然剧烈水样腹泻，急性死亡；胃内充满食物，胃黏膜脱落，多处有出血斑和溃疡斑；小肠充气和充满胶冻样液体；盲肠浆膜和黏膜有弥漫性充血或条纹状出血，盲肠内充满褐色内容物和酸臭气体；肝脏质脆，胆囊肿大，心脏表面血管怒张呈树枝状充血；膀胱有少量茶褐色尿液。

（6）病理变化。尸体脱水、消瘦，腹腔有腥臭气味，胃内积有食物和气体，胃底部黏膜脱落，有出血和大小不一的黑色溃疡。肠壁弥漫性充血或出血，小肠充满气体和稀薄的内容物，肠壁薄而透明。肠系膜淋巴结充血、水肿，盲肠浆膜明显出血，盲肠与结肠内充满气体和黑绿色水样粪便，有腥臭气味。心外膜血管怒张，呈树枝状。肝与肾瘀血、变性、质脆。膀胱多有茶色尿液。

（7）预防。加强饲养管理，消除诱发因素，不宜过多饲喂精料。严格执行各项兽医卫生防疫措施。预防接种魏氏梭菌灭活苗。发生疫情时，立即采取隔离、消毒、淘汰病兔等措施。

（8）治疗。病初用特异性高免血清治疗，每千克体重 2～3 毫升，皮下或肌内注射，每日 2 次，连用 2～3 天。药物治疗可用红霉素每千克体重 20～30 毫克肌内注射，每日 2 次，连用 3 天；卡那霉素每千克体重 20 毫克肌内注射，每日 2 次，连用 3 天。如配合对症疗法（补液，内服食母生、胃蛋白酶等消化药），疗效更好。

183. 怎样防治兔的巴氏杆菌病？

本病是由多杀性巴氏杆菌引起的一种传染病。该病菌是条件性致病菌，即 30%～70%的健康兔的鼻腔黏膜和扁桃体内带有这种病菌，平时不发病，当条件恶化时或兔的抵抗力下降时即可发病。

(1) 病因。气温突然变化，忽高忽低；兔舍空气污浊、潮湿，通风不良；兔群拥挤，长途运输；饲料质量差，饲养管理不当；其他疾病或任何应激，均可导致兔的抗病力下降，病菌大量繁殖且毒力增强，引起发病。一年四季均可发病，以春、秋季节多发，呈散发或地方性流行。

(2) 主要类型。

1) 鼻炎型。病兔鼻腔里流出鼻液，起初呈浆液性，以后逐渐变为黏液性以至脓性。常打喷嚏，咳嗽，用前爪挠抓鼻孔。时间较长时，鼻液变得更加浓稠，形成结痂，堵塞鼻孔，出现呼吸困难。由于病兔经常挠擦鼻部，可将病菌带入眼内、皮下，引起结膜炎和皮下脓肿等。鼻炎型的病程较长，可达数月乃至1年以上。但其传染性强，对兔群的威胁较大。同时，由于病情容易恶化，可诱发其他病型而死亡。

2) 肺炎型。常由鼻炎型继发转化而来。最初表现厌食和精神沉郁，继而体温升高，呼吸困难，有时出现腹泻和关节炎。有的突然死亡，也有的病程拖延1~2周。病变可波及肺的任何部位，眼观有实变（肝变）、肺气肿、脓肿和小的灰色结节性病灶，肺实质可见出血，胸膜表面覆盖纤维素。

3) 败血症型。该型可由其他病型继发，也可单独发生，与鼻炎、肺炎混合发生的败血症最为多见。病兔精神不振，食欲废绝，呼吸急迫，体温升高至41 ℃以上，鼻腔流出分泌物，有时伴有腹泻。死前体温下降，四肢抽搐，病程短的24小时死亡，稍长的3~5天，最急性病例常常见不到临床症状突然倒地死亡。病理变化可见，病程短的无明显肉眼可见变化，病程长者呼吸道黏膜充血、出血，并有较多血色泡沫；肺严重充血、出血、水肿；肝脏变性，有较多坏死灶；脾脏和淋巴结肿大出血，心内、外膜有出血点；胸、腹腔内有淡黄色积液。有些病例肺有脓肿，

胸腔、腹腔、胸膜及肺的表面有纤维素附着。

4）中耳炎型。又称歪头疯、斜颈病，是病菌由中耳扩散至内耳和脑部的结果。严重病例向着头倾斜的方向翻滚，直至被物体阻挡为止。病兔饮食困难，体重减轻，但短期内很少死亡。病理变化可见，在一侧或两侧鼓室内有白色奶油状渗出物；感染扩散到脑时，可出现化脓性脑膜炎。

5）结膜炎型：临床表现为流泪、结膜充血、眼睑肿胀和分泌物将上下眼睑粘住。

此外，还有子宫炎、睾丸炎、脓肿和肠炎等。

（2）诊断。根据流行特点、症状和病理变化可做出初步诊断。为了准确诊断，败血症型和肺炎型可以从心、脾、肝做细菌学检查，其他病例主要从病变部位的脓汁、渗出物、分泌物中检查病原。但慢性病例或大量使用抗生素的病例常常呈阴性结果。同时在进行诊断时应与兔瘟进行鉴别诊断。

（3）防治。兔场应自繁自养。引进种兔要严格检查，隔离观察 1 个月，进行细菌学检查后，健康者方可进入兔场。要加强饲养管理，兔场严禁其他畜禽出入，以预防传染源。发病后隔离、封锁的期限一般为 20 天。重病兔应扑杀。流鼻涕、咳嗽的病兔应及时隔离治疗，慢性病兔要淘汰。兔舍用 10%~20%石灰乳或 2%~3%氢氧化钠溶液定期消毒。预防时可用兔巴氏杆菌氢氧化铝菌苗或禽巴氏杆菌菌苗免疫注射，或用兔瘟-兔巴氏杆菌二联苗免疫注射，每年两次。治疗可用链霉素肌内注射，每千克体重 2 万~4 万单位，1 日 2 次，连用 3~5 日；若配合青霉素（剂量相同）联合应用，效果更好。磺胺嘧啶片每千克体重 0.05~0.2 克，配合等量的小苏打片服用，1 日 2 次。氯霉素针剂每千克体重 60~100 毫克，片剂按每只兔 0.1~0.15 克，1 日 2 次，有良好的效果。四环素、磺胺增效剂都有效。急性病例，皮下注射抗出血性败血症多价血清，每千克体重约 60 毫升，每天 2 次，有显著效果。对有明显呼吸症状的病兔，可用氯霉素等抗菌药物滴鼻，每次3~4滴，每天2次，有显著疗效。

184. 怎样防治兔的大肠杆菌病？

该病是由大肠杆菌及其毒素引起的一种暴发性、死亡率很高的兔肠道疾病。一年四季均可发生，各种年龄和性别都有易感性，但主要发生于1~4月龄仔兔。兔场一旦发生该病，常因场地和兔笼的污染而引起大流行，造成仔兔大批死亡，给养兔业带来很大损失，现将该病的诊疗方法介绍如下。

（1）症状。临床症状主要以下痢和流涎为特征，个别病例未见任何症状即突然死亡。病兔精神沉郁，被毛粗乱，由于脱水导致体重很快减轻、消瘦，腹部膨胀。剧烈腹泻，肛门和后肢的被毛常沾有黏液或黄色水样稀粪，粪便中常带有胶样黏液和一些两头尖的干粪。病兔四肢发冷、磨牙、流涎。血液化验血细胞比重增加，红、白细胞数增高。急性者，一般1~2天死亡；亚急性者，一般经7~8天死亡。

（2）剖检。胃膨大，充满多量液体和气体。十二指肠充满气体和染有胆汁的黏液状液体。回肠内容物呈黏液胶样半固体，粪球细长，两头尖，外面包有黏稠液。结肠扩张，有透明胶样黏液。有些病例结肠和盲肠的浆膜和黏膜充血，或有出血斑。胆囊扩张，黏膜水肿。

（3）诊断。根据临床症状和剖检变化可做出初步诊断。确诊须做细菌学检查，用麦康凯培养基从结肠和盲肠内容物分离到纯大肠杆菌；同时对小肠和盲肠粪便或肠黏液做镜检看是否有大量球虫的卵囊或球虫裂殖子存在，可以与球虫病区别。

（4）防治。预防该病时，要注意饲养卫生，青绿饲料要洗净再喂，不喂霉烂变质饲料。对断奶前后仔兔的饲料必须逐渐更换，不能骤然改变。一旦发现病兔应立即进行隔离治疗，兔笼和

用具应彻底消毒。治疗可内服土霉素，每千克体重 25 毫克，每天 2~3 次，连续 3~5 天。肌内注射链霉素，每千克体重 20 毫克，每天 2 次，连续 3~5 天。肌内注射卡那霉素，每千克体重 15 毫克，每天 2 次，连续 3 天。

185. 怎样防治兔的沙门杆菌病?

由鼠伤寒沙门杆菌和肠炎沙门杆菌引起，主要侵害怀孕母兔，以发生败血症、急性死亡、腹泻和流产为特征，主要侵害怀孕 25 天以上的母兔。

（1）症状。潜伏期 1~3 天，急性病例不表现任何症状而突然死亡，多数病兔腹泻，体温升高，精神沉郁，食欲废绝，渴欲增加，消瘦，母兔排出黏性、脓性分泌物。

（2）病变。肝脏出现弥漫性或散在性黄色针尖大小的坏死灶，胆囊胀大，充满胆汁，脾脏肿大 1~3 倍，大肠内充满黏性粪便，肠壁变薄。

（3）防治。加强饲养管理，增强母兔抵抗力，消除引发该病的应激因素，及时淘汰重病兔，对发病较轻的病例，可用抗生素进行治疗。链霉素 3 万~5 万单位/千克体重肌内注射，每天 2 次，连用 3 天。磺胺二甲嘧啶 100~200 毫克/千克体重口服，每天 1 次，连用 3~5 天。

186. 怎样防治兔链球菌病?

兔链球菌病是由溶血性链球菌引起的一种急性败血性传染病，以高热、呼吸困难和下痢为特征，对幼兔危害极为严重。

（1）病原体。本病病原主要是革兰氏 C 群的链球菌。是一种圆形球状杆菌，为革兰氏阳性，无鞭毛，不能运动，不形成芽孢，有时可形成荚膜。在病料中呈单个或成对排列，极少呈长链。在肉汤培养时呈短链或长链，单个或成对排列极少。生长要求严格，在鲜血琼脂培养基上，菌落细小、灰色，菌落周围呈完全溶血。

（2）流行病学。溶血性链球菌在自然界中分布广泛，在多种动物及兔的呼吸道、口腔和阴道中都存在致病性链球菌，病兔、带菌兔是重要传染源。病菌随着分泌物、排泄物排出体外，污染饲料、饮水、用具及周围环境等，健康兔经上呼吸道黏膜或扁桃体感染。在饲养管理不良、气候突变、受寒感冒、拥挤闷热、营养不良、长途运输等不良应激因素作用下，兔体抵抗力下降，可促进本病的发生。

（3）临床症状。兔病体温升高达 40 ℃以上，精神沉郁，食欲减退或废绝，呼吸困难，间歇性下痢。如不及时治疗，一般经 1~2 天死亡。有的致病性链球菌还可引起中耳炎，表现为歪头，行动滚转；有的病兔淋巴结发炎，肿大变硬，之后变软，破溃排出脓液。

（4）病理变化。皮下组织呈出血性浆液性浸润，胸腹腔液及心包液呈微黄色，心内、外膜有出血点，脾脏肿大，肝脏和肾脏脂肪变性，肺有出血点，肠黏膜充血，有弥漫性出血。

（5）诊断。根据流行特点、临床症状和病理变化可做出初步诊断。为确诊应进行细菌学检查，即取病料涂片染色，做显微镜检查，若观察到革兰氏阳性的链球菌，即可确诊。

（6）防治。加强饲养管理，尽量避免各种不良应激因素的发生，坚持经常性的卫生防疫措施，增强机体抵抗力。一旦发现病兔立即隔离治疗，兔舍、笼具及场地等要全面严格消毒。未发病兔可用磺胺类药物预防。

治疗本病最好先做药敏试验，选择高敏药物。若无药敏试验条件，可选用青霉素，每只兔肌内注射 5 万~10 万单位，每天 2 次，连用 3~5 天。红霉素，每只兔肌内注射 50~100 毫克，每天 3 次，连用 3 天。先锋霉素Ⅱ，每千克体重 20 毫克，肌内注射，

每天2次，连用5天。磺胺嘧啶钠，每千克体重0.2~0.3克，内服或肌内注射，每天2次，连用5天。也可选用卡那霉素、庆大霉素等。如发生脓肿，应切开排脓，用2%洗必泰溶液或3%过氧化氢溶液冲洗，涂擦碘酊、碘仿磺胺粉或磺胺软膏，1天1次。

187. 怎样防治兔的葡萄球菌病？

葡萄球菌病是一种兔常见病、多发病。本病的病原是金黄色葡萄球菌，广泛存在于自然界中，空气、水、地表、尘土以及人、畜体表都大量带菌。

（1）流行特点。本病常以不同的发病形式出现，如乳腺炎、局部脓肿、脓毒败血症、黄尿病、脚皮炎等。无季节性，各种年龄的兔均可发病。

（2）症状。

1）脓疱。在兔体皮下、肌肉或内脏器官可形成一个或数个大小不一的脓肿。外表肿块开始较硬、红肿，局部温度升高，后逐渐柔软有波动感，局部坏死、溃疡，流出脓汁。内脏器官形成脓肿时，则影响患部器官的生理功能。

2）转移性脓毒血症。脓疱溃破后，脓液通过血液循环。细菌在血液中大量繁殖产生毒素，即形成脓毒败血症，病兔死亡迅速。

3）仔兔脓毒血症。仔兔生后一周左右，在胸、腹、颈、颌下、腿内侧等部位的皮肤上出现粟粒大的乳白色脓疱，脓汁乳油状，病兔常迅速死亡，多是因金黄色葡萄球菌通过脐带或皮肤损伤感染引起。

4）乳腺炎。多因产仔箱边缘过于锐利，刮伤母兔的乳头或仔兔咬伤乳头后感染金黄色葡萄球菌引起。急性弥漫性乳腺炎，先由局部红肿开始，再迅速向整个乳房蔓延，红肿，局部发热，较硬，逐渐变成紫红色。病兔拒绝哺乳，后渐转为青紫色，表皮

温度下降，有部分兔因败血症死亡。局部乳腺炎初期乳房局部发硬、肿大、发红、表皮温度高，进而形成脓肿，脓肿成熟后，表皮破溃，流出脓汁。有时局部化脓呈树枝状延伸，手术清除脓汁较困难。

5）生殖器官炎症。本病发生于各种年龄的兔，尤其是以母兔感染率为高，妊娠母兔感染后，可引起流产。一种症状为母兔的阴户周围和阴道溃烂，形成一片溃疡面，形状如花椰菜样，溃疡表面呈深红色，易出血，部分呈棕红色结痂，有少量淡黄色黏液性分泌物。另一种症状为阴户周围和阴道有大小不一的脓肿，从阴道内可挤出黄白色黏稠的脓液。患病公兔的包皮有小脓肿、溃烂或呈棕色结痂。

6）黄尿病。系因仔兔吮食了患乳腺炎母兔的乳汁而引起的急性肠炎。病兔肛门四周及后躯被毛潮湿、发黄、腥臭，体软昏睡，一般整窝发病，病程2~3天，死亡率高。

7）脚皮炎。多发于体重大的兔子。由于笼底板不平、硬、有毛刺或铁丝、钉帽突出于外或因垫草潮湿，脚部皮肤泡软以及足底负重过大，引起足底皮肤充血、脚毛磨脱或造成伤口感染发炎形成溃疡。起初，足掌心表皮充血、红肿、脱毛、发炎，有时化脓，病兔后躯抬高，或左右两后肢不断交换负重，躁动不安，形成溃疡面后，经久不愈。病兔食欲减少，日渐消瘦，死亡或因转为败血症死亡。

（3）病理变化。常可见皮下、肌肉、乳房、关节、心包、胸腔、腹腔、睾丸、附睾及内脏等各处有化脓病灶。大多数化脓灶均由结缔组织包裹。脓汁黏稠，乳白色，呈膏状。

（4）防治。

1）脓疱的治疗。初起时，可以注射抗生素，如青霉素等，当脓疱形成后，应待其成熟，在破溃前切开皮肤，挤出脓汁，用过氧化氢溶液、高锰酸钾溶液清洗脓腔，挤完后，内撒消炎粉或

青霉素粉。注意切口尽量在脓疱的较低位置，便于液体自动流出。隔2~3天，视恢复情况，再做处理。

2）乳腺炎的治疗。乳房开始红肿时可用冷敷，以减轻炎症反应。若表皮温度不高，可改为热敷。在发病区域分多点大量注射青霉素或庆大霉素、卡那霉素，用量一般为常规的2~3倍，1天2次，可很快控制蔓延。若表皮温度下降，变成青紫色，应用热敷加按摩，促进血液循环，同时局部和全身注射抗菌药物。乳腺炎形成脓肿后，按脓疱处理。

3）仔兔黄尿病的治疗。将体质较好的仔兔皮下注射青霉素、链霉素、氯霉素等抗生素，每天2次，直至康复，体表用酒精棉球消毒后，转移给其他健康母兔代哺。

4）脚皮炎的治疗。清除患部污物，用消毒药水清洗，去除坏死组织及脓汁等，涂以消炎粉、青霉素粉或其他抗菌消炎软膏，用纱布将患部包扎紧，以免磨破伤口。每周换药2次，置于较软的笼地板上或松软的地面上饲养，直至患部伤口愈合，被毛较长足以保护皮肤时，解除纱布，送回原笼。

注射葡萄球菌病灭活疫苗可预防本病。母兔于配种后接种，仔兔断奶后接种，1年2次，可控制或减少本病的发生。

188. 怎样防治兔瘟?

兔瘟是由病毒引起的一种急性、热性、败血性传染病。一年四季均可发生，各种兔均易感。3月龄以上的青年兔和成年兔发病率和死亡率最高（达95%以上），断奶幼兔有一定的抵抗力，哺乳期仔兔基本不发病。可通过呼吸道、消化道、皮肤等多种途径传染，潜伏期48~72小时。

（1）临床症状。分为最急性型、急性型、慢性型三种。

1）最急性型。无任何明显症状即突然死亡。死前多有短暂兴奋，如尖叫、挣扎、抽搐、狂奔等。有些病兔死前鼻孔流出泡沫状的血液。这种类型病例常发生在流行初期。

2）急性型。精神不振，被毛粗乱，迅速消瘦。体温升高至41 ℃以上，食欲减退或废绝，饮欲增加。死前突然兴奋，尖叫几声便倒地死亡。

以上两种类型多发生于青年兔和成年兔，病兔死前肛门松弛，流出少量淡黄色的黏性稀便。

3）慢性型。多见于流行后期或断奶后的幼兔。体温升高，精神不振，不爱吃食，爱喝凉水，消瘦。病程2天以上，多数可恢复，但仍为带毒者而感染其他兔。

（2）病理变化。病死兔出现全身败血症变化，各脏器都有不同程度的出血、充血和水肿。肺高度水肿，有大小不等的出血斑点，切面流出多量红色泡沫状液体。喉头、气管黏膜瘀血或弥漫性出血，以气管环最明显；肝脏肿胀变性，呈土黄色，或瘀血呈紫红色，有出血斑；肾肿大呈紫红色，常与淡色变性区相杂而呈花斑状，有的见有针尖状出血；脑和脑膜血管瘀血，脑下垂体和松果体有血凝块；胸腺出血。

（3）发病原因。影响兔发病的因素有以下几种。

1）应激因素。周围环境的应激，如兔舍环境严重污染、空气质量差、保温控湿不良、兔感染病原微生物等，均能使兔在接种疫苗后发生免疫抑制，即产生的免疫力不够坚强或没有产生免疫抗体，不能抵抗兔瘟病毒的感染。

2）疫苗及免疫程序。疫苗效价低、免疫程序不合理、防疫制度不健全、免疫操作不严、接种剂量不足、消毒不当及母兔免疫空白、防疫密度不能达到100%。

3）超强毒感染。在生产实践中，尽管兔已注射疫苗，兔群抗体水平较高，但仍然发病，正是由于病原微生物多个亚型或超强毒株的存在所致。

4）其他因素。兔群中个别兔因受体质、遗传、抗病力、环

境、免疫反应的强烈程度的影响，接种后产生较低的抗体，不能抵抗强病毒而发病，加之未及时确诊造成疾病的散播。

（4）疫苗的种类。目前生产使用的疫苗有兔瘟组织甲醛灭活苗、兔瘟-巴氏杆菌二联苗等。临床证明，兔瘟灭活苗的免疫效果要优于二联苗、三联苗等多联苗。首次免疫时疫苗的用量最好增加一倍。

（5）免疫程序。仔兔 25~30 日龄首免，每只皮下注射 2 毫升兔瘟灭活苗，60 日龄再次免疫，每只皮下注射 1 毫升疫苗，以后每 6 个月免疫 1 次。成年兔每年免疫 2~3 次，每次注射疫苗 2 毫升。

（6）疫苗使用中应注意的问题。①兔瘟脏器组织甲醛灭活苗保存温度为 4 ℃左右，保质期半年。低于 0 ℃或高温保存均能减弱疫苗的效价，影响免疫效果。②疫苗应尽量一次性用完，现购现用。过了保质期的疫苗不能再用。③应对注射疫苗所用器械严格消毒，保证剂量确实。

（7）影响免疫效果的因素。

1）疾病干扰。兔群在患某些疾病（如兔球虫病、巴氏杆菌病等）时，处于高度的应激状态，体质相对较差，免疫力下降，此时尽量不要接种免疫，待病愈后再进行免疫。

2）药物及添加剂的影响。抗菌药中的呋喃唑酮、氯霉素、卡那霉素和磺胺类药物对机体 B 淋巴细胞的增殖有一定抑制作用，易影响病毒疫苗的免疫效果。有些兔场为预防疾病，接种前后使用上述药物及含有该药物的添加剂，导致机体的 B 淋巴细胞减少，从而影响机体的免疫应答。因此，为确保免疫效果，在免疫接种前后 10 天，应尽量不使用上述药物。

3）其他因素。兔群饲养管理差、营养不良以及缺乏维生素 A 和维生素 E 及锌、铁、硒等微量元素，均会影响机体的抗体合成而降低免疫力，致使免疫兔发生兔瘟。

（8）兔瘟的防治措施。

1）加强兔群日常饲养管理工作，提高兔群抗病力，创造兔群良好的生产环境。对兔舍、兔笼、用具及周围环境进行定期严格消毒，对病兔及时隔离、封锁，将病死兔深埋。

2）推广兔瘟的监测技术，进行早期监测，及时预防接种，进行超剂量免疫，并使用增强免疫力的药物，如盐酸左旋咪唑、速补 18 等。

3）认真把好疫苗质量关，严格控制注射各环节。杜绝使用质次效价低的疫苗，做好疫苗的运输保存工作。

4）采用适当的药物及措施，控制继发感染，降低死亡率。

5）发病后，早发现、早诊断、早处理。对病兔立即注射兔瘟高免血清，每只 3 毫升，可获得 15 天的保护期，10 天后，再注射兔瘟灭活苗。

189. 如何防治仔兔轮状病毒感染？

仔兔轮状病毒感染是由轮状病毒引起的以严重腹泻为特征的仔兔的一种急性肠道传染病。本病的主要传播途径是消化道。临床症状主要出现于 2~6 周龄仔兔，尤以 4~6 周龄仔兔发病率和死亡率最高，成年兔常呈隐性感染而带毒。新发病群往往呈暴发性，被感染群将很难根除。本病毒往往在兔群中长期存在，当气候剧变，饲养管理不当，幼兔群抵抗力降低时发病。

（1）症状。潜伏期 18~96 小时，病兔体温升高，精神不振，主要症状是严重腹泻，排半流质或水样稀便，呈棕色、灰白色或浅绿色，并含黏液或血液；肛门周围及后肢被毛被粪便污染；病兔迅速脱水、消瘦，多于下痢后 2~4 天死亡，死亡率可达 40%。

（2）病变。主要在肠道，可见小肠充血，膨胀，肠黏膜有大小不等的出血斑，结肠瘀血，盲肠扩张，内含大量液体等非特征性病变，其他脏器无明显病变。

（3）诊断。依据症状与病变以及流行特点只能做出肠道传染病的判断，无法与其他肠道传染病相区分。确诊需分离鉴定病毒。

（4）防治。本病尚无有效疫苗可用，亦无好的治疗方法。主要应加强断奶前后仔兔的饲养管理，用含高效价的轮状病毒抗体的初乳或高免血清饲喂幼兔有一定的预防作用。建立严格的兽医卫生制度，做好平时的消毒工作，巴氏灭菌法、75%酒精、3.7%甲醛、16.4%有效氯等均可杀灭本病毒。碘酊、煤酚皂、0.5%游离氯消毒效果不好。一旦发病，及时隔离病兔，并试用口服补液盐和治疗下痢的中草药方剂治疗。

190. 如何防治兔疱疹病毒感染？

本病是由疱疹病毒引起的，以皮肤和黏膜出现红斑及丘疹病变为特征，有时可波及外生殖器并引起充血、水肿和肿瘤为特征的一种潜在性慢性传染病。病毒可伴随兔数年或终生，一旦条件适宜时，病毒重新激活，造成复发性感染，呈现明显的临诊症状。目前对本病的自然感染流行情况不清楚，尚无有效控制方法。发病以后要注意隔离、消毒，采取对症治疗，增加病兔抵抗力。

191. 如何防治兔豆状囊尾蚴病？

兔豆状囊尾蚴病是由豆状带绦虫的中绦期幼虫寄生于兔的肝脏、肠系膜及其他腹腔脏器浆膜而引起的疾病。

（1）流行特点。本病呈世界性分布，兔的感染率很高。中间宿主兔等啮齿类动物吞食被豆状带绦虫孕节或虫卵污染的饲料或饮水而感染，六钩蚴随血流到肝，最后黏附于腹腔内器官表面发育为豆状囊尾蚴。

（2）主要症状。少量感染不表现明显症状，大量感染时则出现肝炎症状，急性发作时可骤然死亡。慢性病例表现消化功能紊乱，采食减少，生长发育缓慢，逐渐消瘦，精神沉郁。后期病兔贫血，可视黏膜苍白。

（3）病理变化。尸体消瘦，皮下水肿，有大量淡黄色腹水。肝大变硬，呈土黄色。肠系膜、胃网膜、子宫角等腹腔脏器表面有豆状囊尾蚴，呈豌豆大小的囊泡状，囊内充满透明液体和1个乳白色的小头节。虫体常聚集在一起呈葡萄串状。

（4）诊断。生前诊断比较困难，可用间接血凝试验，该法敏感、快速、简便易行。多数是死后剖检在腹腔内发现豆状囊尾蚴时确诊。

（5）预防。不用含豆状囊尾蚴的兔内脏喂犬。防止犬粪污染兔的饲料和饮水。定期驱除犬豆状带绦虫，药物可用吡喹酮，按每千克体重5毫克内服预防。

（6）治疗。可用吡喹酮，按每千克体重50毫克，1次内服，连用3天，或阿苯达唑按每千克体重40毫克，1次内服。

192. 如何防治兔螨病？

（1）症状。

1）兔耳螨病。耳根红肿，随后感染外耳道并引起外耳道炎，渗出物干燥，成黄色痂皮，如纸卷样塞满耳道。

2）兔脚螨病。寄生于脚趾和脚掌下面的皮肤，引起炎症渐变肥厚、多褶，继而龟裂，逐渐形成灰白色痂皮，也可感染头部和毛较短的部位等，感染部位开始时红肿、脱毛。患部奇痒难忍，兔子难以安静，不住用嘴鼻咬患部，严重时其他部位也会感染。病兔饮水减少，消瘦，最后死亡。

（2）预防。

1）兔舍、兔笼要经常清扫、消毒，保持通风干燥。

2）经常检查兔的脚爪、耳内，一旦发现患病兔应及时隔离

治疗，种兔停止配种。

3）兔在60~75日龄时，肌内注射一针长效药物绿伊佳（既防疥螨又防豆状囊尾蚴），以后每隔半年注射一次。

（3）治疗：肌内注射绿伊佳，0.02毫升/千克体重，一周后再注射一次。同时对病兔所用笼具和周围环境消毒。

193. 如何防治兔球虫病?

兔球虫病是兔业养殖中一种常见且危害严重的寄生虫病，病兔死亡率高达80%。该病一年四季均可发生，多发于温暖、潮湿、多雨季节，南方4~6月，北方7~9月最易流行。断奶至2月龄的幼兔最易感，成年兔感染常为隐性。兔常因吞食球虫孢子化卵囊通过消化道感染，潜伏期2天至数周。

（1）分类与症状。根据临床表现和病程长短可分为最急性型、急性型和慢性型。

1）最急性型：多发于2~3月龄幼兔，病兔常突然倒地，四肢划动，头向后仰，有的死前惨叫。

2）急性型：多发于20~60日龄幼兔，病兔精神沉郁，食欲减退，腹泻或腹泻与便秘交替发生。腹围增大，结膜苍白，后期多呈神经症状，角弓反张，衰竭而死。病程3~6天。

3）慢性型：多发于成年兔，病兔排出灰白色胶样黏液将粪球粘连在一起，粪便腥臭。病兔消瘦，食欲减退。病程1周到数月，最后衰竭而死。

（2）防治措施。

1）要搞好兔场的清洁卫生。每天清除兔笼及运动场地积粪，将其堆放到固定地方发酵处理，防止粪便污染饲料、饮水、饲槽、饮水器，草架要固定在笼外，高出兔笼底板，以减少感染球虫卵囊的机会。

2）要分群隔离饲养。对幼兔和成年兔分开饲养。因大兔一般对球虫有一定的抵抗力，即使感染了球虫也不一定表现出明显的症状，但其粪便中带有大量卵囊；而小兔抵抗力差，极易感染发病，所以哺乳兔除哺乳期外必须与母兔分箱饲养。病兔和病愈的兔是传染的主要来源，必须与健康兔隔离饲养。

3）要定期消毒灭菌。笼舍可用火焰或20%的新鲜石灰水或5%漂白粉溶液消毒杀菌；食槽、饮水器可用高温煮沸杀灭球虫卵囊。

4）对病兔要采用药物防治。

稀碘溶液。母兔从怀孕25天起到产仔后5天止，每天每兔喂0.01%稀碘溶液100毫升，停药5天后，再改用0.02%稀碘溶液连喂15天，每天200毫升。断奶仔兔自断奶之日起，每天服用0.01%稀碘溶液50毫升，连服10天，停药5天后，再改用0.02%稀碘溶液喂15天（70~100毫升）。稀碘溶液要现配现用，可拌入精饲料中喂给。

氯苯胍。预防量以0.015%浓度拌入饲料中（即10千克精饲料拌入1.5克），治疗量为每10千克精饲料拌入3克，断奶仔兔连喂1个月，基本可平安度过危险期。

兔球灵。按0.1%的比例拌入饲料中，让兔自由觅食，连喂2~3周，能有效预防和治疗兔球虫病。

中药。取干白头翁全草30克，先投入100毫升的清水中浸泡24小时，然后用文火煎熬至50毫升左右服用（不可放置过久）。每只兔每次口服3~5毫升，每日服1次，连服3天。

194. 如何防治兔弓形虫病？

弓形虫病是一种世界性分布的人畜共患原虫病，在多种动物和人中广泛传播，对人畜和兔的危害相当严重。

（1）发病症状。根据发病症状，可分为急性型、慢性型与隐性型。

1）急性型：主要发生于仔兔，病兔突然发病，不食，精神沉郁，体温升高和呼吸加快，有眼屎，流鼻液，嗜睡，并于几日内出现运动失调或麻痹，有惊厥，常于发病后2~8日死亡。

2）慢性型：常见于老龄兔，病兔减食，进行性消瘦、贫血，常后躯麻痹，病程较长，多数可康复，但也有死亡者。

3）隐性型：不表现临床症状，血清学检查呈阳性。

（2）剖检变化。在急性型主要为肺、淋巴结、脾、肝、心的大面积坏死，可见广泛性灰白色坏死灶和大小不一的出血点，肠黏膜出血，有扁豆大小溃疡灶，胸腹腔液增多。慢性型主要为内脏器官水肿，有散在坏死灶，并有肉芽肿性脑炎病变。

（3）诊断。本病无典型症状，诊断较困难，根据体温升高和运动失调或麻痹，剖检淋巴结、肝、脾等脏器的大范围坏死灶可怀疑为本病。确诊应进行病原学或血清学检查。

（4）防治措施。

1）治疗：以磺胺类药物疗效好，与抗菌增效剂合用效果更佳。①磺胺嘧啶按70毫克/千克体重、三甲氧苄氨嘧啶按14毫克/千克体重合用，口服，每天2次，首次加倍，连用3~5天。磺胺甲氧吡嗪，按30毫克/千克体重、三甲氧苄氨嘧啶，按10毫克/千克体重，合用，每天1次口服，连用3天。

2）预防：应禁止在兔场养猫，加强灭鼠。发现病兔应及时隔离治疗，并用1%来苏儿、3%氢氧化钠溶液或火焰彻底消毒，对病兔尸体应烧毁或深埋。在发病期间应注意人的防护。

195. 如何防治肉兔便秘？

兔便秘是由于肠内容物停滞，粪便干硬，致使排便困难，甚至阻塞肠腔的一种腹痛性疾病。

（1）病因。一是粗、精饲料搭配不当，精饲料多，青饲料少，或长期饲喂干饲料，饮水不足，均可引发本病。二是饲料中混有泥沙、被毛等异物，致使形成大的粪便块而发生本病。三是运动不足，排便习惯紊乱所致。四是继发于排便带痛性疾病，如肛窦炎、肛门炎、肛门脓肿、肛瘘等；或是排便姿势异常的疾病，如骨盆骨折、髋关节脱臼，以及热性病、胃肠弛缓等全身性疾病的过程中。

（2）症状。病兔食欲减退或废绝，肠鸣音减弱或消失，精神不振，不爱活动，初期排出的粪球小而坚硬，排便次数减少，间隔时间延长，数日不排便，甚至排便停止。有的病兔频做排便姿势，但无粪便排出。病兔腹胀，起卧不宁，有回头顾腹等腹部不适表现。触诊腹部有痛感，且可摸到有坚硬的粪块。肛门指检可发现直肠内蓄有干硬粪块。病兔口舌干燥，结膜潮红，食欲废绝。除继发于某些热性病外，体温一般不升高。剖检时发现肠道内积有干硬粪球，前部肠道积气。

（3）防治。治疗原则是疏通肠道，促进排便。首先，病兔禁食1~2天，勤给饮水。其次，可轻轻按摩腹部，既有软化粪便作用，又能刺激肠道蠕动，加速粪便排出。温皂水或2%碳酸氢钠灌肠，软化粪便，加速粪便排出。山乌桕根10克，水煎内服。多酶片2~4片研末加适量蜂蜜，兑水调匀，1次灌服，每天2次，连用2~3天。10%鱼石脂溶液5~8毫升，或5%乳酸液3~5毫升内服。芒硝、大黄、枳实各3克，厚朴1克，煎汁内服。开塞露1支，剪开后插入肛门4厘米左右，挤出药液，结合口服大黄苏打片4片，饮水加补液盐，每天1次，连用2天。菜油或花生油25毫升，蜂蜜10毫升，水适量内服；也可用植物油或液状石蜡等润滑剂灌肠排便。神曲20~50克压碎，放入200~500毫升温水中，浸泡1~2小时，滤渣后灌服，成年兔30~50毫升，仔、幼兔酌减，一般用药1次即愈。蜂蜜15毫升，生大黄粉3克，每只兔每次服5毫升，每天3次，但孕兔禁用。病重兔应强心补液，以增强机体抵抗力。病轻后要加强护理，多喂多汁易消

化饲料，使食量逐渐增加。

本病的预防要点是：夏季要有足够的青绿饲料；冬季喂干粗饲料时，应保证充足、清洁的饮水；保持兔笼干净，经常除去被毛等污物；保持兔适当的运动，保证胃肠蠕动；喂养定时定量，防止饥饱不均。

196. 如何防治肉兔的毛球病？

兔子长期吃落在草料中的兔毛，在胃里会形成毛球，引起食欲减退、便秘、肚胀等症状，这就是俗称的兔毛球病。

兔子的毛球病多为慢性病，并非一日所形成，而是由少到多，逐渐积累。时间一长，随着食毛量的增加，吃进胃内的绒毛在胃的蠕动下打卷成团，然后慢慢变大，最终在幽门处形成大毛球导致阻塞。病兔开始消化不良，表现为食欲减退、日渐消瘦、好趴卧、爱喝水、大便秘结。由于消化紊乱，时间一长，饲料易发酵，常使胃膨胀而肚子变大。而有些小的毛疙瘩，虽能通过幽门，但易滞留在小肠内，因此，也容易造成肠阻塞，不吃不喝而死。预防该病，喂草应设草架，换毛季节用火焰喷灯清除兔笼上的兔毛，多喂含矿物质和维生素丰富的饲料，防止食毛癖发生。特别到了秋季兔子换毛时，毛散落的会更多，增加了兔食毛的机会，因此在秋季防止兔子毛球病非常重要。

197. 如何防治肉兔腹胀？

肉兔腹胀，也称胃肠臌气，多发生于2~6月龄幼兔，是引起肉兔发生急性死亡的原因之一。

（1）病因。多由于采食了过多的易发酵饲料、豆科饲料、霉烂变质饲料、冰冻饲料及含露水的青草等，引起胃肠道异常发酵，产气而鼓胀。兔舍寒冷、阴暗潮湿，兔运动不足，可促使本病的发生。便秘、肠梗阻、消化不良以及胃肠炎等也可继发本病。

（2）症状。病兔精神沉郁，蹲卧少动，呼吸急迫，心跳加快，可视黏膜潮红或发绀，食欲废绝；腹部逐渐膨大，触压有弹性，充满气体感，叩之有鼓音，表现痛苦，鸣叫。

（3）防治。预防本病的方法是加强饲养管理，合理搭配饲料。易发酵饲料和豆科饲料喂量要适度，不喂带露水的青草和冰冻饲料，严禁饲喂霉烂变质饲料；兔舍要通风透光，干燥保温；适当增加光照和运动；及时发现鼓胀病兔，治疗原发疾病，防治继发肠臌气。

（4）治疗。可灌服液状石蜡或植物油 20 毫升；大蒜 4～6 克捣烂，用食醋 20～30 毫升灌服；也可用消胀片或二甲硅油等消胀剂；中药用石菖蒲、青木香、山楂各 6 克，陈皮 10 克，神曲 15 克，加水煎服。同时配合抗菌消炎效果更好。

198. 如何防治肉兔腹泻？

肉兔腹泻是指在致病因素的作用下，排粪次数和排粪量增加，粪便变软或呈水样。

（1）病因。饲养管理不当，如饲料的突然变换、饲喂不定时定量、贪食、断奶过早或刚断奶后的贪食以及兔舍寒冷潮湿等；饲料、饮水品质不良，如给予腐败发酵的饲料，采食有露水的草或冷冻的饲料，过食不易消化的草料，饮水不洁等；有毒植物或化学药品的刺激；微生物或寄生虫的侵害及中毒等。长期使用抗生素，导致肠道正常菌群失调，也可引起本病的发生。本病多见于幼兔。

（2）症状。精神不振，常蹲于一隅，不愿采食，甚至食欲废绝。粪便变软、稀薄，以致呈稀糊状或水样；有臭味，混有不消化的食物、气泡和浓稠的黏液，肛门周围及后肢被粪便污染呈黑色，有时腹围增大。随着炎症的加剧体温升高，消瘦，被毛粗

乱，无光泽，黏膜发绀或黄染，全身恶化，如不及时治疗，便会引起死亡。

（3）防治。改进饲养管理，杜绝致病因素的作用。将病兔移往干燥温暖的兔舍，停喂青绿或多汁饲料。

治疗首先考虑抗菌消炎，内服磺胺噻唑及黄连素等；肌内注射链霉素；内服大蒜汁。对脱水严重者，可静脉注射10%葡萄糖溶液10～20毫升，或皮下注射5%葡萄糖氯化钠溶液30～50毫升。

病初，粪便黏稠有臭味时，应清理胃肠，排出有害刺激物，然后再给以收敛保护剂。在恢复期给以健胃剂，如人工盐0.5克、龙胆粉0.5克、小苏打0.3克、酵母片12片，内服。

199. 怎样治疗呼吸器官的炎症？

呼吸器官炎症是指肉兔鼻腔黏膜、气管黏膜、支气管黏膜和肺实质的炎症。在肉兔常发生的有鼻黏膜炎、支气管炎和肺炎。这些疾病之间具有一定的联系，往往由于机体的抵抗力下降，或治疗、护理不当，一个部位的炎症通过蔓延或扩散而发展到其他部位。

（1）病因。寒冷为诱发和引起呼吸器官疾病的主要因素，如气温剧变、贼风侵袭，剪毛后受冷，兔舍潮湿而通风不良，遭受雨淋，安全越冬的措施不力等。此外，呼吸道黏膜受理化因素的刺激，如兔舍密闭，通风不良，或兔笼脏污，吸入空气中的氨、尘埃、烟火等也是致病因素。如果从外界侵入的细菌或呼吸道常在菌乘虚而入，大量繁殖，则在多种因素作用下，更加促进了本病的发生和发展。

（2）症状。患鼻炎时，病兔表现为病初不好动，食欲稍减，轻度咳嗽；鼻黏膜潮红，流出浆液性或黏液性鼻液，常用前爪擦拭；时发喷嚏，眼睛无神。患肺炎时，表现为精神高度沉郁，食欲减退或废绝，体温明显升高，呼吸急促，眼内充满泪水，呼吸困难，咳嗽，在肺部能听到啰音，流出大量浆液性、黏液性、脓性鼻液，口鼻呈深紫色，若不及时治疗，病兔常于3~4天因窒息和衰竭而死亡。仔兔发生肺炎的较多。

（3）防治。建立健全饲养管理制度，气温突变时要采取防寒措施，防止兔突然受寒。

将病兔置于保暖、干燥、通风的环境中饲养，给以少量温水，增加富含维生素的饲料。在没有排除传染性鼻炎以前，应隔离病兔。

（4）治疗。首先考虑选用抗菌消炎药，其次选用缓解症状的药物。

用2%~3%硼酸溶液或0.1%高锰酸钾溶液冲洗鼻腔，然后滴入青霉素溶液（1.5万~2万单位）3~4滴，每日1~2次；或用1%薄荷脑液状石蜡滴鼻；内服阿司匹林0.1~0.3克；解热镇痛片每兔1片，幼兔半片，每天3次。

以全身症状为重时，要及时应用磺胺药，每日内服0.3克，一个疗程连服5天，休药3天。或应用抗生素，如肌内注射青霉素10万单位和链霉素10万单位，每天2次；卡那霉素按每千克体重10~30毫克，肌内注射，1天2次，连用3天。

内服中药健兔散，白头翁3份，厚朴3份，枳实2份，砂仁1份，共研为末，一次内服；桑叶或嫩桑枝15克，加水煎服；苦参、枇杷叶、葶苈子各1.5克，加水煎后，拌入饲料中分2次喂服；威灵仙根10克，鱼腥草15克，加水煎服。

全身症状严重或食欲废绝者，可静脉注射20%葡萄糖注射液20~30毫升，维生素C 100毫克，每天或隔天1次。

200. 怎样治疗兔的结膜炎?

结膜炎又名红眼病，是一种危害兔的主要的急性、接触性传染病，其特征为眼结膜和角膜发生明显的炎性症状，出现黏糊的眼屎遮住眼睛。

（1）病因。巴氏杆菌常存在于健康兔的上呼吸道黏膜和扁桃体中，但不发病。当饲养管理和卫生条件不好，气候剧变，过分拥挤，长途运输等应激因素存在时，兔体抵抗力降低，巴氏杆菌乘机大量繁殖，造成内源性感染，引发本病。呼吸道、消化道及皮肤、黏膜损伤是本病的传播途径。病兔的分泌物、排泄物及其污染的饲料、饮水、用具以及吸血昆虫均是本病的传播媒介。本病全年均易感染，不同品种、年龄的兔均易感，尤其刚断奶幼兔发病率最高。

（2）症状。潜伏期 2~7 天，病初为兔子不愿意睁眼，此后结膜、眼睑和瞬膜呈现明显的肿胀，流泪，疼痛并出现眼屎，或在角膜上发生白色或灰色小点。严重者角膜增厚，并发生溃疡，形成角膜瘢痕及角膜翳。病兔一般无全身症状，但眼球化脓时会出现体温升高、食欲不佳、精神沉郁等症状。若不及时治疗，有的病兔可引起失明。

（3）防治。兔子应按时、定期注射巴氏杆菌疫苗。出现病症时要及时治疗，以免恶化。治疗用红霉素或利福平眼药水，3 天之后效果明显。但要坚持用药，直至痊愈，防止复发。

201. 怎样治疗兔的溃疡性脚皮炎?

溃疡性脚皮炎是指跖骨部的底面，有时还有掌骨或跖骨部的侧面，所发生的损伤性溃疡性炎症。本病后肢最为常见，前肢发生较少。

（1）病因。本病实际上是一种压迫性坏死。由于兔体重大，脚部在笼底或粗糙坚硬的地面上所承受的压力过大引起脚部皮肤压迫性坏死，故此病多发生于成年兔，幼兔和体形小的兔很少发生。环境因素如过度潮湿、兔笼底上有尿液或污渍、粗糙不平的兔笼（箱）底、兔笼（箱）底的铁丝网格不合规格等也会引发本病。有些脚垫上皮毛较薄的兔，因接触铁丝笼底时缺乏理想的缓冲，也容易患本病。神经过敏和易兴奋的，并惯于频繁跺脚活动的兔易患本病。

（2）症状。病初表现为神经过敏，易于兴奋和频繁地跺脚。常于跖部底面和跖部侧面的皮肤上发生大小不等的局部性溃疡，病兔感觉疼痛而畏惧走动，表面覆盖干燥痂皮，若溃疡面经久不愈，磨破后即出血。有时发生继发性细菌感染（如金黄色葡萄球菌感染）而出现痂皮下化脓、溃烂、结痂，甚至可形成蜂窝织炎。严重时也可发生不吃、体重下降、弓背、走动时脚高翘等病状。如细菌侵入血流则呈现败血症，病兔很快死亡。病兔的体重负担经常由一条腿换成另一条腿，由后肢换成前肢。前肢之所以发病，可能是由于体重负担由疼痛的后肢换成前肢所致。

（3）预防。改进兔笼设计和管理方法。兔笼应宽敞舒适，笼底应平整，给予干燥、柔软垫草，可在铁丝笼底板上铺垫竹底板。笼舍应保持清洁干燥。

（4）治疗。

1）剪去周围碰到疮口的体毛，因为毛里带着细菌，覆盖疮口可造成继发感染。

2）隔离病兔，检查是否有化脓，可用消毒过的针或小刀刺破硬痂，检查下面是否化脓，对于下面有严重化脓的硬痂，一定要揭掉。若出血不止，可用纱布等用力按住，挤压止血。患部用3%过氧化氢溶液冲洗后，除去坏死组织，然后涂擦红霉素软膏。

3）局部应用0.2%醋酸铝溶液冲洗，清除坏死组织，并涂擦10%碘仿软膏、15%氧化锌软膏和抗生素软膏（如3%土霉素软

膏）。当溃疡开始愈合时，可涂擦5%甲紫溶液。如果病变部形成脓肿，应按外科常规排脓并全身应用抗生素，如青霉素20万~40万单位、链霉素0.25~0.5克，肌内注射或静脉注射，每天2次。

4）除去干燥的痂皮坏死溃疡组织，用0.1%高锰酸钾等冲洗消毒后，涂氧化锌软膏、碘仿软膏或其他消炎并能促进上皮生长的膏剂。

（5）饲养要点及注意事项。

1）饲养要点。养兔新手特别要注意，大部分的新手朋友不了解兔子习性，不能正确区分笼舍好坏，常常用一些铁丝笼，垫上脚垫，这种做法是非常危险的。因为，铁丝笼容易翘起损坏，损伤兔子；兔常会啃咬笼身，导致笼舍粗糙不平，甚至有些笼子底网就非常不符合规格，粗糙刮手。因此在购买笼子的时候一定要检查细致，喷塑喷漆的建议慎重选择，笼舍底网也要特别注意，可选用两种方法进行判别。

方法一：用手平行抚摸底网，感受是否刮手，如有刮手立即弃用。

方法二：用一块小毛巾，平面擦拭底网，如有毛巾纤维被钩起，立即弃用。

脚垫对于这样的铁丝笼底网是一个不错的选择，可是也存在一些隐患，如果是塑料底网，会出现以下问题，比如，兔子啃咬塑料底网，导致误食塑料；随着兔子的年龄增长，肛门变大，粪球也变大，粪球常常落在塑料底网的坑洞内，导致兔子常常踩在粪便上，增加了感染细菌的概率；塑料的底网容易沾上一些尿渍，兔子的脚常常被浸湿。当然，如果对于金属底网有所担心，非要选用脚垫，那么可选用竹片的脚垫或者是硬塑料脚垫。如使用不锈钢底网，那么一定要准备兔专用消毒养护液，定时擦拭底网，并保证底网干燥无污物。

2）注意事项。此病的重要诱因是环境潮湿、底网粗糙、卫生条件差，因此清洁消毒是必须要做的。

202. 怎样治疗肉兔不孕症？

肉兔不孕症的诊断与治疗主要有以下几种。

（1）管理方面因素。种公兔交配次数过多，配种负担重；或笼舍通风透光较差等，均能使公兔精液品质下降；母兔管理不当时，可使排卵率降低，从而影响受孕。因此，对兔群的公、母比例要搭配适当，公、母兔比例以 1∶10 左右为宜，同时在年龄上也应注意：以壮年（1.5~2.5 岁）公、母兔相配效果最好；青年公兔（1.5 岁以下）配老年母兔（2.5 岁以上）或老年公兔配青年母兔为宜。而青年公、母兔或老年公、母兔相配效果最差。其次，笼舍要保持卫生清洁，空气新鲜，通风透光，背风向阳等。

（2）营养因素。由于蛋白质、脂肪含量偏高或偏低及缺乏矿物质或维生素 E、维生素 A、维生素 D 等原因，使公兔精液质量下降，母兔脑垂体功能受到抑制，甚至发生卵巢脂肪浸润或变性，从而不能正常产生卵细胞而无法怀孕。因此，要求日粮中蛋白质含量为 14%~15%，毛兔还应高一些，要特别注意补充维生素 E、维生素 A、维生素 D 及矿物质、微量元素锌等；对母兔的营养补充要根据体况，多喂优质青绿多汁饲料和少量混合饲料，使其维持不肥不瘦的中等膘情。

（3）温度影响。如温度超过 30 ℃，会使公兔睾丸缩小，精液品质急剧下降，精子活力降低，出现夏季不育现象。而要恢复精子的活力至少要 40~50 天，有的长达 90 天；高温还会使母兔食欲减退，发情周期延长，发情不明显，发情持续期缩短。如温度降至 5 ℃以下，也会使母兔发情不明显或停止发情。因此，夏季要注意防暑降温，冬季注意防寒保暖。

（4）疾病原因。引起母兔不孕的疾病较多，这里着重谈以

下几种。

1）卵巢功能减退。主要是卵巢发育不全或功能减退，引起激素分泌紊乱，造成乏情或不排卵。

防治办法：一是注射激素。肌内注射促卵泡素 5~10 国际单位，每天 1 次，连用 2~3 次；或肌内注射雌二醇注射液，待二次自然发情后再配；另外，也可注射人绒毛膜促性腺激素、孕马血清等。二是加强饲养管理。饲料应多样化，补充青饲料，多运动，保持中上等膘情。

2）卵泡囊肿。由于缺乏青饲料，维生素 A 和维生素 E 不足，或在母兔卵巢发育阶段受到应激，或母兔脑垂体前叶分泌的促黄体生成素不足，或孕激素不足，出现长期发情，屡配不孕。

防治办法：改善管理，在缺乏青饲料季节补喂胡萝卜，也可喂些大麦；其次可肌内注射促黄体生成素，隔天 1 次，连用 1~2 次；或雌二醇与黄体酮交替或混合使用；或肌内注射胎盘组织液；或肌内注射人绒毛膜促性腺激素。

3）持久性黄体。母兔排卵时受不良因素刺激，被打、惊吓、公兔爬跨等，形成永久性黄体，使母兔长期不发情。

防治办法：可肌内注射复方黄体酮或人绒毛膜促性腺激素，每只每次肌内注射 50 国际单位即可，或肌内注射促黄体素释放激素类似物 a3（促排 3 号），每只每次 2~5 微克，或注射己烯雌酚，或注射催产素 5 单位。

203. 如何治疗兔的妊娠毒血症？

（1）病因分析。多胎妊娠母兔在妊娠后期，胎儿生长过快，代谢旺盛，母体葡萄糖消耗比非妊娠兔高得多。如果饲料中的碳水化合物不足，则母兔体内碳水化合物和生糖物质不足，垂体等分泌功能失调，血糖浓度低于临界水平。这将导致妊娠母兔营养失调，糖和脂肪代谢紊乱，组织中酮体如丙酮、乙酰乙酸、丁酸等的浓度增高，进而发生酮血症、酮尿症和酸中毒，严重者出现脂肪肝。气候剧变、疼痛、长途运输禁饲、饲料突变等，也常使血糖降低引起本病。另外，母兔过度肥胖、生殖功能障碍、子宫肿瘤、环境变化等，可导致内分泌功能失调，诱发本病。

（2）临床症状。本病在临床表现上轻重不一，轻的无明显临床症状，重的可迅速死亡。一般表现精神沉郁，体温正常或偏低，呼吸困难。病兔多呈肥胖型，病初表现为顽固性消化紊乱、食欲减退、不愿吃食，常出现程度不同的神经症状，如兴奋不安、痉挛、眼球震颤。后期呼吸迫促，尿量严重减少，色黄如油状，出现共济失调、惊厥、昏迷，呼出带酮味（似烂苹果味）气体，常于流产后昏迷而死亡。轻度或中等程度的病例，往往能自行恢复。

（3）病理变化。剖检可见病兔乳腺分泌旺盛，卵巢黄体增大，卵巢及肠系膜脂肪呈现变性、坏死；心脏、肝、肾均呈现苍白色；心肌变性、质脆，心内外膜有出血点；肝脏肿大，质脆易碎，表面呈现黄色和红色区（脂肪变性并有灶性坏死）；肾脏肿大，出血并有脂变，肾上腺萎缩、苍白并出现皮质部腺瘤；甲状腺变小、苍白；脑垂体增大；脾充血和出血；胃肠黏膜下出血及炎症、坏死，腹水增多。

（4）实验室检查。血液中非蛋白氮含量显著升高，钙减少，磷增多。取“乳尿测酮粉”（硝普钠 0.5 克、无水碳酸钠 10 克、硫酸铵 20 克研磨混匀，贮于棕色瓶中备用）0.1 克于载玻片上，加新鲜检尿 2 滴，呈紫红色阳性反应。

（5）防治方法。为了预防本病的发生，在妊娠后期应供给母兔富含蛋白质和碳水化合物的饲料，尽量避免饲料的突然变换和其他因素的刺激。在饲料或饮水中预防性应用葡萄糖能防止酮血症的发生。对孕兔静脉注射 25%～30%葡萄糖液 20 毫升，出现症状的病兔视病情给予维生素 C、维生素 B_1、维生素 B_2 或复

合维生素 B。重症病兔使用可的松类药物，每次 1～5 毫克，调节内分泌功能，同时根据病情给予适当的镇痛、强心药物。促使本病好转，必要时采用手术疗法，取出胚胎，保证母兔安全。

204. 怎样防治肉兔产后瘫痪？

母兔产后瘫痪多发生于产后 2～5 天；产仔率较高的母兔和饲养管理条件较差的兔场多发本病。

（1）发病原因。母兔营养不良，致使产后血糖、血钙浓度降低和血压下降。此外，母兔产后受雨水淋湿和冷风侵袭等不良因素的影响，使肌肉、神经等功能失调均可诱发本病。

（2）临床症状：病兔精神萎靡，食欲下降，消瘦。初期粪便少而干硬，继而停止排粪、排尿，泌乳量减少甚至停止。发病初期两后肢之一或同时发生跛行，行走困难，不愿活动。后期严重时发生后肢麻痹，行走靠两前肢爬动以拖动后肢。

（3）防治措施。本病应以预防为主，同时加强饲养管理，如保持兔舍干燥、通风，避免潮湿，并做到定期消毒。要喂给怀孕母兔易于消化和营养丰富的饲料，并保证饲料中含有充足的钙、磷和维生素等营养物质。保证母兔适度运动，增强体质，使怀孕母兔保持良好的体况。

（4）发病时，应立即采用补充糖、钙和恢复肌肉、神经功能等措施：10%葡萄糖酸钙 30 毫升，肌内注射，每天 2 次，连用 5 天；口服复合维生素 B 片，每次 0. 25 克，每天 1 次，连用 4 天，以恢复和促进神经功能。对有便秘症状的病兔，可采取灌服硫酸镁溶液或直肠灌注植物油的方法，以润肠通便、清除积粪。同时，还可用松节油涂擦病兔患肢，达到促进血液循环、驱除风寒湿气的功效。

205. 怎样治疗兔乳腺炎?

乳腺炎是产仔母兔常见的一种疾病，常发生于产后 1 周左右的哺乳期，轻者影响仔兔吃乳，重者造成母兔乳房坏死或发生败血症而死亡。该病常因母兔怀孕期饲喂营养过剩、产后乳汁过稠、乳房及产房不清洁、哺乳仔兔少、缺乏饮水或乳房外伤引起细菌感染而发生。

（1）症状。母兔乳房肿胀发红，拒绝给仔兔哺乳，体温明显升高。本病有轻有重，所表现出来的症状也不相同，大致可分为普通乳腺炎、乳腺炎和败血型乳腺炎三种类型。

1）普通乳腺炎。乳房红肿，乳头发黑、发干，触及皮肤有热感，母兔一般仍能正常哺乳，但哺乳时间较短。

2）乳腺炎。乳腺炎为化脓菌侵入乳腺所致。发病不久，在乳房周围皮下可摸到山楂大小的硬块。初期皮肤正常，后期皮肤发黑而形成脓肿，最后脓肿破裂，脓液流出，一般可自愈。

3）败血型乳腺炎。患病初期乳房处红肿，而后呈紫黑色，并迅速蔓延至整个腹部，病兔精神沉郁，体温升高，不活动，不吃食。该类型最为严重，死亡率最高，一般发病 4~6 天死亡。

（2）防治措施。保持兔笼产箱清洁卫生，定期消毒。产前应加强饲喂管理，适当减少精饲料，以防产后乳汁过多。具体防治措施应抓好以下三点。

1）普通乳腺炎初期应将乳汁挤出，洗净乳房，然后将木工用的水胶炒煳压成粉末加入食醋，边加边搅，搅成糊状，将其均匀地抹在乳房处，每天涂抹 1 次，2~3 天可痊愈。

2）乳腺炎初期可局部冷敷，中、后期用热毛巾热敷，也可用青霉素 80 万单位、痢菌净注射液 10 毫升和地塞米松 1 毫升，分 2 次肌内注射，每天早、晚各 1 次，连用 3 天，病症即可消失、痊愈。

3）败血型乳腺炎可局部封闭注射，用鱼石脂软膏涂抹。严重时可切开脓疱，排出脓血，切口用消毒纱布擦净，撒上消炎粉。同时做全身治疗，注射抗生素或口服磺胺类药物。

206. 兔患有异食癖怎么办？

异食癖是兔采食或舔食、啃咬饲草、饲料之外物品的嗜好。饲料单一，饲料营养不全或不平衡，氨基酸、维生素、微量元素等的缺乏，都可引起异食癖。温度过高，饲养密度过大，通风不好，光照太强或过弱都可引起异食癖。本病也可继发于某些寄生虫。

（1）症状：啃咬、舔食笼具、食槽、水槽、墙壁、砖瓦、土块、煤渣等，啃咬其他兔的被毛以及自身被毛，严重的还会出现食仔兔等。

（2）治疗。饲料品种应丰富，配制全价平衡饲料，适量饲喂青绿饲料，适当补充氨基酸、维生素及微量元素等。注意通风透光，饲养密度合理，定期驱虫。发生食仔癖时，除进行以上防治方法外，还应将新生仔兔取出寄养或定时送回哺乳。

207. 肉兔中暑怎么办？

在夏季，当气温长时间超过 33 ℃时，在露天饲养或者是受到阳光强烈照射，环境闷热潮湿、不通风透气时，就容易导致兔子中暑。

中暑的兔子会出现流涎、软瘫、眼球突出、四肢无力、抽搐等症状。同时，精神变得萎靡，食欲下降甚至是拒食，呼吸加快，体温升高，走路摇摆不定。严重时，兔子呼吸会变得高度困难，视黏膜发绀，口鼻呈青紫色。有的会从口鼻中流出血样泡沫。最后可能出现四肢痉挛性抽搐，或兴奋不安，导致虚脱昏迷致死。

在兔子出现中暑症状的时候，一定要引起足够的重视，并且及时处理。首先，要将兔子转移到通风透气、阴凉舒适的地方。然后用凉水冷敷兔子的额头。或者在兔尾尖、脚趾处针刺、放血，然后迅速灌服藿香正气水 2 毫升，幼兔服用的分量减半，以温水灌服。

在处理的过程中，需要注意，抢救的动作一定要快。在成功挽救中暑兔子生命之后，还要准备大量的饮水供其饮用。同时，要保持环境的清凉舒适，避免再次中暑。

208. 如何防治肉兔传染性鼻炎？

兔传染性鼻炎春秋两季多发，发病率在 20%～70%。本病传播快，死亡率高，主要是由于气温变化、感冒而引起。发病初期打喷嚏，流清鼻涕，后转为黏液性或脓性鼻涕，外鼻孔上形成痂。呼吸困难，并伴有鼻塞声音。病重者食欲减退，消瘦而死。发现病兔，重者应立即注射青霉素、链霉素、庆大霉素；轻者用青霉素滴鼻，每天 1～2 次，每次约 3 滴；或将大蒜捣烂用水浸泡半天，取浸液洗鼻，每天 2～3 次。

八、高效肉兔场的生产经营管理技术

209. 初养兔者应该注意哪些内容？

（1）注意事项。

1）要掌握养兔的基本知识和市场行情。养兔是一门科学，农户从事养兔要掌握养兔的基本知识，如品种、饲料、兔舍和兔笼的建造等。在市场经济条件下无论经营什么项目都要根据市场行情来决策，准备养兔就要选读养兔基本知识类的书籍，还可以根据自己的条件和需要，参加有关培训或到有关兔场及市场参观考察。

2）在养兔规划实施前就要筹备兔舍和饲料。兔场选址特别重要，环境条件直接关系到兔群健康繁殖与生长发育。农户除了推广配合饲料养兔外，还可以因地制宜种草养兔。

3）选养优良品种。品种优劣是关系到兔场成败的基础，特别是办种兔场。因此在选购种兔时要特别小心。品种纯杂怎么鉴别？一看外形：每个品种都有一定的品种特征，凡是符合该品种特征的，一般认为都是纯种，否则就是杂种。二看生产性能，每个品种都有一定的体重和生产性能指标，符合标准的可认为是纯种，否则就是杂种。三看其父母，有些高代级杂种，必须看它的父母是否符合该品种特征。此外，还可以通过测交对品种纯杂做进一步鉴定。

4）关于农户养兔规模问题，农户养少量兔，一方面思想不重视，兔也养不好；另一方面因兔少，养兔收入也少。我们要走兔业产业化的道路，农户要根据当地市场和自己的技术、资金、劳力及饲料等条件来确定养殖规模。

（2）摆正心态。

1）农户经营兔业或其他养殖项目，应持微利思想，不应有暴利思想，一夜发财是不现实的，因为养殖收益要减去成本开支才是纯利润。经营商品兔本来利润就不大，还有兔病等意外损失风险，所以只有脚踏实地，勤劳吃苦，靠规模养殖来取得高效益。

2）养殖者要增强市场意识，不要被一些假象所迷惑，更不能跟风养殖。因为在市场经济条件下，养什么兔、养多少兔，都应该以市场销路作为决策的依据。

3）要增强质量意识，养兔不仅要给兔子创造良好的生活环境，还要注意饲料卫生与营养，更要坚持选种选配，这样兔产品质量才有保证，优质才能卖高价。

4）要增强法制观念，做遵纪守法的兔农，不能用兔子去进行“炒种”诈骗。

210. 当前肉兔场经营新理念有哪些？

我国肉兔养殖业是在国际大环境下，在广大农民群众有养兔习惯的基础上逐步发展起来的。通过近半个世纪的磨炼，经历了高潮和低潮，仍呈螺旋形向上发展。由当初的年产几万吨发展到现在年产30余万吨。高潮期是由于外贸出口增长，加上近些年国内市场的需求剧增。低潮期是因为前几年“炒种”现象的出现，“炒种”的危害使种兔质量下降，造成市场需求量增加的假象，使饲养量大增，导致产大于销的局面，一些人钻空子捞到

钱，却坑害了广大的养兔者。

肉兔养殖业应该立足于国内市场需求，积极拓展外贸市场；立足于商品肉兔生产，积极构建“种兔生产体系-优良品种扩繁体系-商品兔生产体系”三级肉兔生产体系；要有市场观念、竞争观念、风险观念、时效观念；以兔为主，多种经营，走生态养殖良性循环的路子。兔场经营管理者必须树立以市场为导向、用户至上、产品适销对路的营销观念，做好市场调查与预测，才能广开销路，赢得用户和得到社会承认。市场经济是法制经济，要求经营管理者必须增强法制观念，学习相关的法律、法规，做到依法经营，依法保护自身的合法权益。

211. 如何预测肉兔市场？

（1）市场调查。市场调查是指运用科学的方法，有目的、有计划、系统地收集、记录、整理和分析肉兔生产经营相关资料的一系列活动，以便掌握肉兔市场动态，找出其发展变化的规律。通过市场调查得到的大量信息资料是经营预测与决策的重要依据，肉兔经营预测和决策的基础。对未来经营情况的预计，要以过去和现在的经营情况为依据，而了解过去和现在的经营状况则离不开市场调查。

1）需求调查。是对畜禽总体市场和肉兔市场的需求及相关影响因素的调查，包括畜禽和兔产品需求量及需求结构变动情况、潜在市场与潜在需求量、用户购买力及购买行为等调查。同时考虑影响肉兔生产经营的各种环境因素，如政治、经济、社会环境因素等。

2）供给调查。肉兔市场供给是指一定时期、一定范围内，可投放市场出售的肉兔产品数量。调查兔产品的供给量、供给结构变化趋势，搞清楚哪些品种畅销，本兔场产品的市场占有率如何，市场潜在需要何种产品等问题，以便为兔场调整供给结构提供依据。

3）竞争对手调查。主要调查竞争对手的基本情况，包括数量、分布、规模、竞争能力、新产品动向、产品寿命周期及流通渠道、竞争策略及手段、促销手段及策略等。

（2）市场调查的一般程序。

1）明确目的。首先明确为什么要做此项调查，要了解哪些方面的问题。

2）制订计划。主要包括选择调查项目、调查对象、调查方法、人员组织分工、调查费用预算、进度安排、拟定调查提纲、设计调查表格等。

3）实际调查。采用全面调查、抽样调查、典型调查及重点调查等调查方式和运用询问、观察、实验等调查方法进行调查。实际调查中通常采取多种方式、方法联合使用。

4）总结。将调查收集的资料进行整理、分析，撰写调查报告。

肉兔市场预测是根据市场调查所获得的信息资料，运用科学的预测方法，对肉兔市场未来的发展变化趋势和经营前景做出预计和推测。它是进行经营决策和编制计划的依据。按时间长短可分为短期（周、月、季）预测、中期（1~5年）预测和长期（5年以上）预测。

212. 如何确定养殖规模？

兔场规模大小的制约因素很多，可根据兔场的资金水平、技术水平、饲养人员的基本素质、饲料资源与饲料加工和机械化程度来决定兔场的规模。更重要的是要掌握市场需求态势，即经营者的经济效益和消费者的消费水平，两者必须兼顾。过去很多兔场经营失败的原因，就是对诸多因素分析不透，认识不清，只图快上，盲目行动，再加上本身素质低下、饲养管理不当，导致兔

场繁殖率低、发病率高、成活率低，以失败而告终。

因此，兔场的规模一定要与市场需求量和技术条件、设备等相适应。一般认为，养兔户以饲养50只基础母兔比较适宜，年饲养量可达到千只左右，出售商品肉兔800只左右，纯收入在万元左右是比较稳妥的。

在引种时应严格把关，不但要健康无病，而且种兔要谱系清楚，公兔要健壮，性欲强；母兔要产仔多，母性好，泌乳力高；仔兔生长发育快，成活率高。根据市场需求和自身建设的需要逐步扩大兔场规模，达到稳步发展。

213. 怎样建立合理的兔群结构？

凡是有一定规模的兔场，均应该具有合理的兔群结构，这是提高整体兔群繁殖力水平的重要措施之一。兔群是发展养兔生产和扩大再生产的基础，兔群结构在一定阶段要保持相对的稳定性。合理的兔群结构由一定数量、比例的种母兔、种公兔和后备公、母兔所组成。一般公、母兔比例为1：（8~10）。一般每只母兔全年可繁殖6窝仔兔，平均每周交配2次左右，是符合公兔生殖生理要求的。若以兔群的年龄结构来计算，一般以1~2岁的壮年兔为主，每只母兔平均全年产4~6胎，3岁以上的公、母兔要及时淘汰，由后备公、母兔来补充。

实践证明，兔群的最佳利用期较短，因此，兔群的最佳结构应为：7~12月龄的后备兔约占30%，1~2岁的壮年兔占40%，2~3岁的老年兔可占30%，这样可保持兔群具有较强的繁殖能力，这对兔场的经营管理是非常重要的。规模型、集约化生产的兔场的经营者，必须高度重视种兔群的结构；商品兔场的经营者则更应注意公、母兔的比例和优良种公兔的选育，制订详细的生产、交配和产仔计划，做到胸有成竹，稳步发展。

214. 规模化兔场需制定哪些计划和制度?

经营管理的目标，是用最少的原料和最低的成本，获得最多的优质产品，因此，应做好生产与销售计划、饲料生产与供应计划、物资采购供应计划等。

兔场经营者的首要任务，是注意及时了解市场信息，努力做到市场销售预测和种兔、商品兔的预订工作，避免销售与生产脱节。种兔一般生长发育到6月龄左右，性器官已经成熟，待体成熟后便可配种繁殖，母兔妊娠期为30天，仔兔出生后30~40天断奶，45~60天即可出售仔兔。按照肉兔的生长规律安排好生产、销售计划，要根据实际情况，及时调整工作计划，并采取有效措施，使生产计划与销售计划得以实现，保证兔场的收入。

合理的规章制度是每个员工的行动准则，也是企业信誉和生命力的保障。遵章守纪是每个领导和全体员工的头等大事和行为规范。根据生产实践，一般养兔场都应建立科学的饲养管理制度、卫生防疫制度、技术培训制度、财务管理制度，考核奖惩制度等。特别是具有一定规模的大、中型养兔场，必须实行责、权、利明确的各项规章制度，这是养兔场兴旺发达的基础。

215. 如何应用先进技术成果提高科学养兔水平?

(1) 笼养技术。在集约化水平较高的兔场宜采用室内笼养，在广大农村可推行笼舍合一的室外笼养。

(2) 常年繁殖技术。因地制宜地加强环境（如温度、湿度等）调控，缩短季节性难育期，提高兔的繁殖效率。

(3) 青饲料四季轮供技术。在有条件的地区，利用饲料，种植牧草，做到四季供青，降低养兔生产成本。

(4) 自动饮水技术。有条件的养兔场可使用自动饮水器供水，也可用自制的自流水瓶等供水设施，同时做好饮水净化

处理。

（5）良种繁育技术。在特定区域应选择适应的兔品种和优化的经济兔种杂交组合，同时强调科学的制种体系，以提高良种化程度。

（6）仔兔适时断奶技术。根据养兔实际，大、中、小型兔的仔兔适宜断奶时间应分别为生后 40~50 天、30~40 天和 30 天，同时要做好早期补料和预防接种工作。

（7）兔病综合防治技术。包括建立严格的消毒制度和合理而适时的疫病预防体系，以便及时采取隔离与封锁措施等防治技术。

216. 影响兔场收支的主要因素有哪些？

从生产的角度（即在不改变饲养规模的前提下）来分析兔场如何取得较高的经济效益，这取决于如何提高肉兔的生产水平和降低成本、节省开支。如种兔饲养、产肉、产毛等因素，均能在一定程度上影响整个兔场的经济效益。

我国和养兔发达国家相比，有较大的差距，不核算成本是其中一项，也是我国肉兔养殖业粗放经营的表现之一。

饲养成本大，产品在市场上没有竞争力，效益就低。肉兔养殖业的成本费用包括材料费、人工费、折旧费及其他费用。根据总的费用计算出各兔群或某种产品的消耗费用。其计算公式如下：

兔群饲养日成本=每日该群饲养总生产成本/该群饲养头数

217. 为什么说在设计兔场时高投入不等于科学合理？

兔场设计是非常重要的基础性工作，高的投资不一定科学正确；相反，科学的设计并不一定需要高投入。

从兔场布局来说，兔场整体布局应依据兔子健康卫生和节省人工为基本原则。最基本的应该是兔场净道和脏道区分开。人、饲料车等通道不能与运输粪便和死亡兔子的道路共用；场区脏水和雨水应分开，减少排污量，污水流向脏道端集中处理排放；整个场区不能积水；兔舍最好排成一排，一旦超过两排将产生严重的、无法规避的污浊空气、脏净道等交叉污染问题，这将为兔子真菌皮肤病等疾病防控带来严重风险。

从兔舍设计来说，规模化肉兔养殖最好采取封闭式饲养，兔舍应该明显区分进气端和排气端，纵向通风。兔舍高度要足够，屋檐一般不要低于 2.8 米，长度不宜超过 50 米，宽度以 12~13 米最适宜，并采用四排跨式连体产箱。开放式兔舍，虽然节省投资和运行费用，但限制了生产性能，疾病风险高。有研究表明，开放式兔舍母兔产仔率比封闭性环境中的母兔低 5%~15%，真菌皮肤病等发病率要明显增高。

从兔笼设计来说，既要能为兔子提供舒适的环境，又要保证饲养员工作便捷。这几年不少规模养殖场采用三层直立外挂产箱笼，这是失败的设计，它会带来劳动力大幅提高、种兔周围小环境密闭恶劣、人工清粪导致污染、水压不均衡等一系列问题，且无法逆转。这种笼子，只适合母兔规模不超过 200 只的家庭散养模式使用。

从环境控制上来说，很多兔场普遍存在冬季密封无通风、夏季风机过度通风现象。冬季必须保证每千克活兔每小时 1 米^3 的新鲜空气通风量，这些风量必须通过风机负压来均衡实现，不能间断提供，否则真菌皮肤病和鼻炎等疾病会在第二年春天暴发。夏天也不是通风越大越好，过大不但不能降低温度反而会提高温度，因为风速超过 1.8 米/秒时，湿帘就会降低或失去降温作用，过大风速也会对兔子产生不利影响。解决这一问题，最好的办法是安装联通变频风机、湿帘、炉子、通风调节口等设备的自动环控系统。

218. 为什么在选种时配套系良种是最佳选择？

肉兔配套系良种因其优秀的杂交优势，具备了高繁殖性能、高生长性能和低饲料消耗等显著优点，成为规模化肉兔养殖中主要的繁育模式。世界上比较优秀的肉兔配套系有法国的伊拉配套系、伊普吕配套系、艾高配套系，以及我国新培育的康大配套系等。现在，市场上假良种还占到很大比例，这源于人们对种兔的认识还非常不科学。这种不科学的认识主要表现在以下三个方面：

——思想保守，只认同新西兰、加利福尼亚以及国内一些老纯种，认识不到肉兔配套系良种对肉兔规模化生产的重要性。

——认识到配套系对规模化生产的重要性，但不明白配套系繁育模式的科学道理，认为只要是配套系的后代都是良种，导致其把商品代的兔子买回去作种兔。

——认识到配套系对规模化生产的重要性，但不理解配套系必须每年更新100%~120%的要求，误认为是育种企业为了多卖种兔。其实这种更新要求是为了保证基础繁殖群的胎龄均衡、保持高生产效率，实现养殖企业持续、高效、低成本运营。

具体来说，在市场上，一只3千克左右的伊拉配套系种兔120元/只，一只普通种兔90元/只左右。从价格上看，伊拉兔比普通种兔高，但使用一年下来，伊拉兔种兔的性价比却比普通种兔高得多。一只普通种兔年出产商品兔一般30只，母兔成本均摊到每只仔兔是3.0元；而一只伊拉兔年出产商品兔能达到50只，母兔成本均摊到每只仔兔仅2.4元。另外，通过从肉兔商品代性能来看，伊拉配套系繁殖商品代比普通种兔繁殖商品兔料肉比低0.5（即每千克活兔少耗饲料0.5千克）。每只商品兔2.5千克×假设两种母兔年都能繁殖50只商品兔（实际上普通种兔很难达到），即125千克商品兔活重×0.5千克饲料×2.5元/千克饲料=62.5千克饲料×2.5元/千克饲料=156.25元。即每只配套系父母代种兔比普通种兔多支出30元，收益为156.25元。即每只伊拉配套系种兔每年比普通种兔多投入30元，而收益是普通种兔的5倍。

219. 规模化肉兔养殖采取怎样的繁殖及饲喂模式？

规模化肉兔养殖必须走“全进全出、高效卫生繁殖模式”，同时实行人工授精，否则，很难维持兔群健康和高生产性能。

“全进全出、高效卫生繁殖模式”的核心是种兔优质、培育科学，在此基础上实现同期催情、同期配种、同时断奶和出栏，并且具备一段时间的空舍时间以利于彻底清洗消毒。

人工授精，在配套系中，只有严格按照配套系杂交路线生产的父系公兔生产的精子才能用于父母代种母兔受精。但现在很多规模兔场在人工授精中存在各种各样的问题。有的兔场生产精子用的并非是严格按配套系制种模式生产的公兔，而是背景不清晰甚至是从商品代里面挑选的杂乱公兔；有的过度使用老公兔，长的都超过了2年；有的兔场没有卫生科学的实验室，精子污染的概率很高，精子运输和保存过程不严格，温度不正确；有的公兔饲养环境不好，尤其是夏季不能有效降温，导致夏季精子质量严重下降。

220. 哪种饲喂方式更适合规模化兔场？

现在兔场有的采用自由采食，有的限饲，有的在不同阶段采用不同方式。作为规模化兔场，哪种方式更合适呢？一般认为，规模化兔场应主要采用限饲。饲喂料量控制是否到位，直接决定着兔群是否能够长期保持优良性能。在相当多的规模养殖场，饲喂饲料环节存在严重问题，或者基本没有标准可言。

针对普遍存在的问题，建议繁殖阶段饲喂料量要均衡，不能

出现空槽现象；空怀母兔要单独集中控制料量，每只每天不超过150克，以免超重；生长期应该适度限制饲喂。后备种兔饲喂一定要按日龄分开饲养，初次配种时间应控制在133~140日龄，切勿按照传统的体重标准进行初配；同时，在饲喂过程中要保证其体重均匀科学增长。

另外，配套系种兔初配应根据日龄，不能根据体重进行。以前老品种因生长速度慢，2.5~3千克进行初配基本合理。但是，现在配套系种兔因生长速度快，70日龄就可以达到2.5千克，4千克时才能达到体成熟，如果按体重进行初配就会导致种兔损伤严重或报废。

221. 规模化兔场如何进行产能设计并实施到位?

要提高兔场的综合效益，最重要的是要有周密的产能设计并实施到位。

（1）要保证实施“全进全出”的繁殖模式和人工授精，加上真正的配套系种兔，以及适当的设施条件，才能保证不低于80%的产仔率，这是保证高产能的基础。

（2）每次配种前要计算产的仔兔数是否能够填满所有产箱，一旦发生产箱闲置就会导致产能不足和分摊成本的增加。

（3）检查每只母兔是否健康，是否能够带8~10只仔兔，35日断奶重是否达到900克（非高温季节），不健康的母兔必须及时淘汰掉。

（4）重点关注饲料，必须要保证兔子生长速度达到或接近品种要求，能够准时达标出栏，才能保证每个笼位贡献活兔重目标。产能规划的目标最终要实现每个繁殖笼位每年提供不低于50只出栏商品兔、125千克活兔重量，这样才能实现养兔场合理的成本和利润，才能具备市场竞争力。

总体来说，规模化兔场在投资之初，就应该进行周密的市场调研、产能规模论证、科学设计基础设施、搭建科学的技术体系，建立企业自己的高效率、低成本、技术科学、产销平衡的运营系统。官方扶持政策只是阶段性和针对性的，不可能从根本上保障企业长远运营，一旦过度依赖并成为企业生存与发展的主要资源，将非常危险。

主要参考文献

[1] 薛帮群，李健，闫文朝．兔病诊治原色图谱．郑州：河南科学技术出版社，2012.

[2] 张守法，宋建臣．肉兔无公害饲养综合技术．北京：中国农业出版社，2003.

[3] 赵楠，赵永斌．肉兔养殖与饲草栽培加工技术．北京：化学工业出版社，2013.

[4] 段栋梁．肉兔标准化规模养殖技术．北京：中国农业科学技术出版社，2013.

[5] 张恒业，张桂云，郑立，等．兔健康高产养殖手册．郑州：河南科学技术出版社，2010.

[6] 王丽娟．实用养兔大全．长春：延边人民出版社，2003.

[7] 邹斌．养兔新技术．呼和浩特：内蒙古人民出版社，2009.

[8] 欧广志，史健．现代养兔实用技术．北京：中国农业科学技术出版社，2011.

[9] 夏树立．实用养兔技术．天津：天津科技翻译出版公司，2010.

[10] 谷子林．兔养殖技术问答．北京：金盾出版社，2010.

[11] 赵权．高效养兔技术．长春：吉林科学技术出版社，2007.